竹ノ塚
新河岸川
赤羽
東武練馬
東武東上線
石神井川
練馬
荒川
隅田川
上野
妙正寺川
高田馬場
平井
高円寺
中野
秋葉原
錦糸町
神田
新宿
四ツ谷
東京
神田川
京王線
原宿
渋谷
下北沢
京王井の頭線
小田急線
豊洲
新木場
品川
お台場海浜公園
東名高速道路
東急東横線
大崎
田園調布
武蔵小杉
多摩川
蒲田
京急蒲田
東海道新幹線
羽田空港国内線ターミナル
川崎

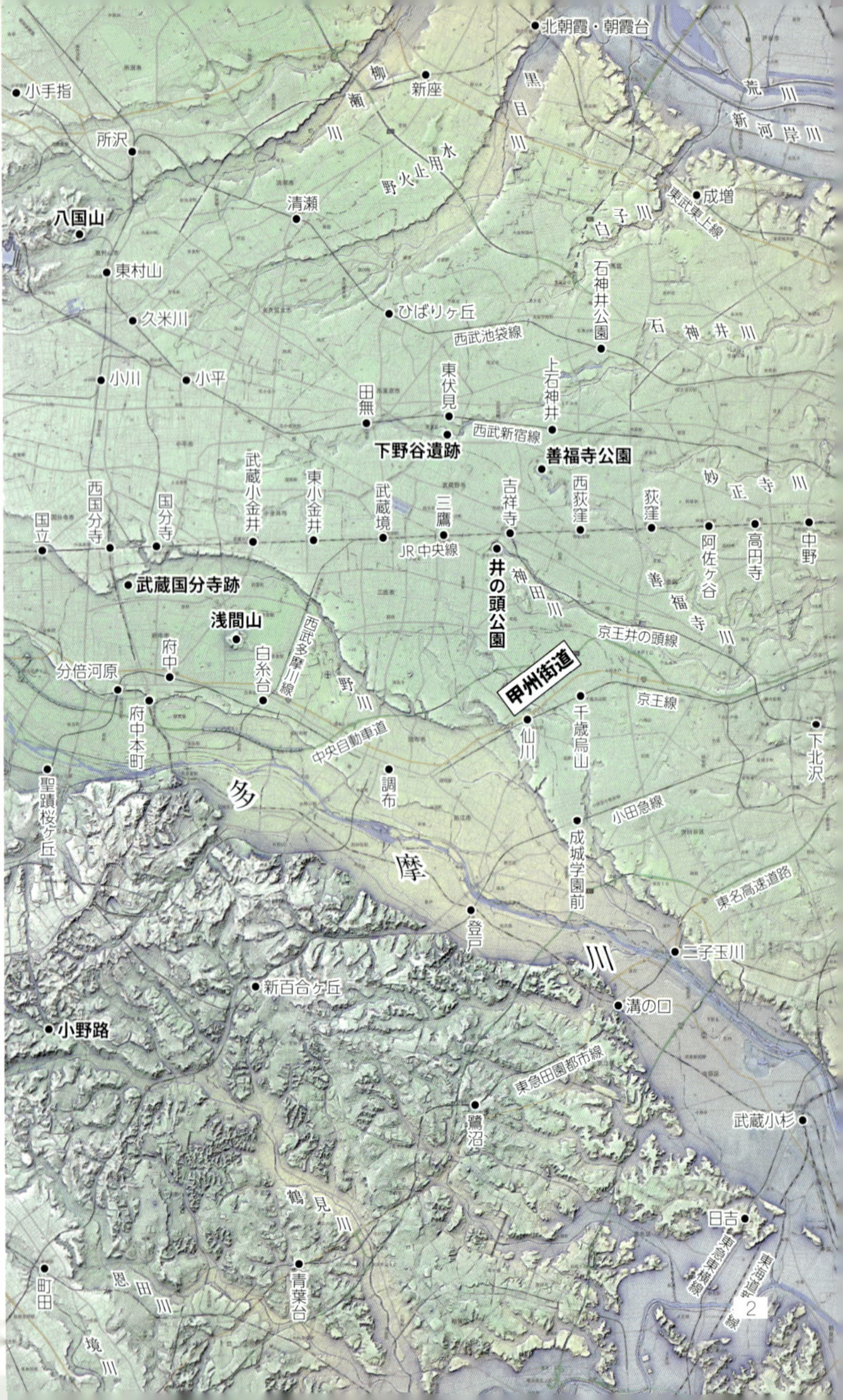

北朝霞・朝霞台
新座
柳瀬川
黒目川
荒川
新河岸川
小手指
所沢
野火止用水
成増
東武東上線
白子川
清瀬
八国山
東村山
石神井公園
久米川
ひばりヶ丘
石神井川
西武池袋線
小川
小平
東伏見
上石神井
田無
西武新宿線
下野谷遺跡
善福寺公園
妙正寺川
武蔵小金井
東小金井
西国分寺
国分寺
国立
武蔵境
三鷹
吉祥寺
西荻窪
荻窪
阿佐ヶ谷
高円寺
中野
JR中央線
井の頭公園
武蔵国分寺跡
神田川
善福寺川
浅間山
西武多摩川線
京王井の頭線
甲州街道
白糸台
府中
分倍河原
野川
府中本町
京王線
千歳烏山
仙川
下北沢
中央自動車道
聖蹟桜ヶ丘
多摩川
調布
小田急線
成城学園前
東名高速道路
登戸
二子玉川
新百合ヶ丘
溝の口
小野路
東急田園都市線
鷺沼
武蔵小杉
鶴見川
日吉
東急東横線
東海道線
町田
恩田川
青葉台
境川

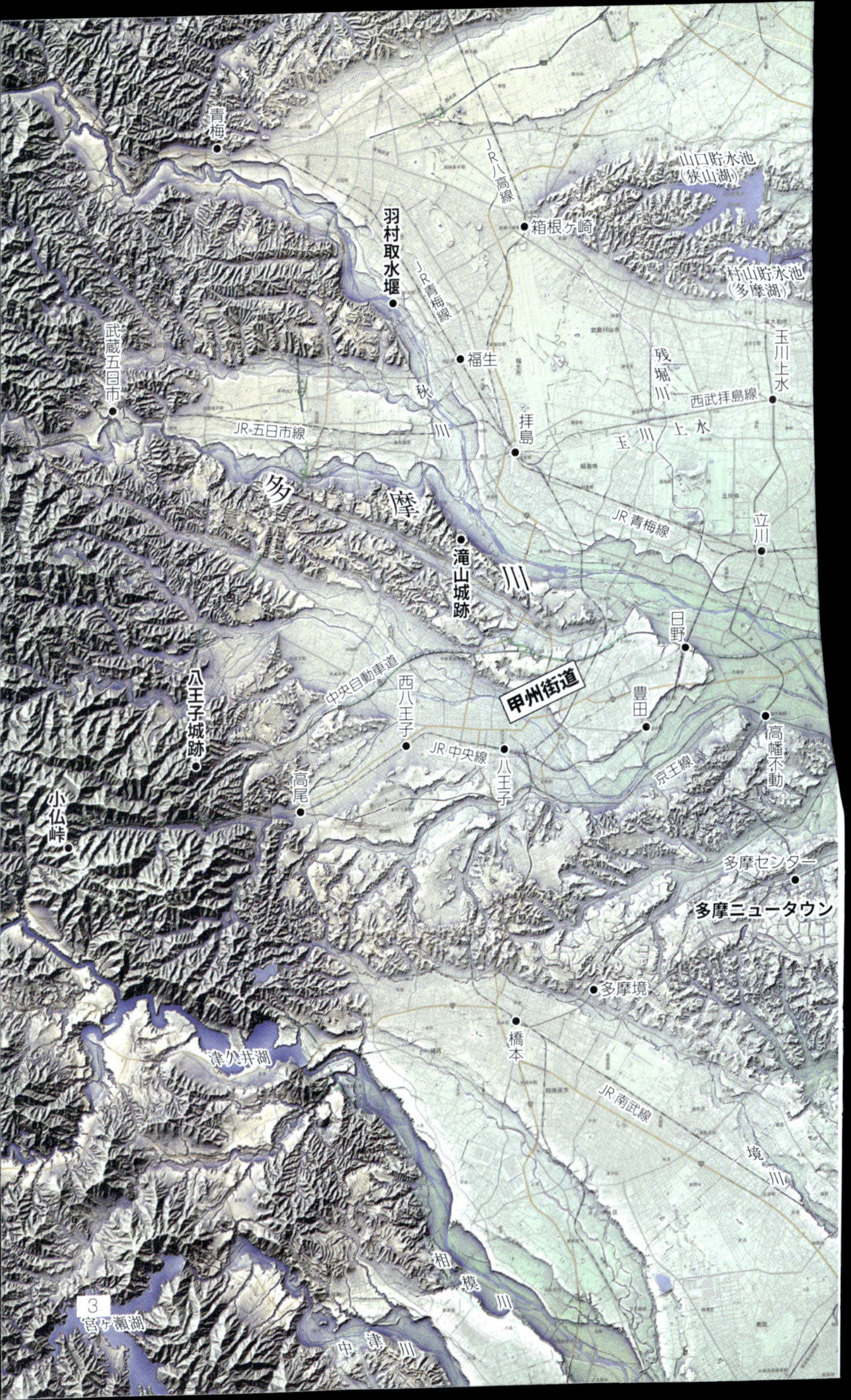
青梅
JR八高線
山口貯水池
(狭山湖)
箱根ケ崎
羽村取水堰
JR青梅線
村山貯水池
(多摩湖)
福生
武蔵五日市
残堀川
玉川上水
西武拝島線
秋川
JR五日市線
拝島
玉川上水
多摩川
JR青梅線
立川
滝山城跡
日野
甲州街道
中央自動車道
西八王子
豊田
八王子城跡
高幡不動
JR中央線
八王子
京王線
高尾
小仏峠
多摩センター
多摩ニュータウン
多摩境
橋本
津久井湖
JR南武線
境川
相模川
宮ヶ瀬湖
中津川

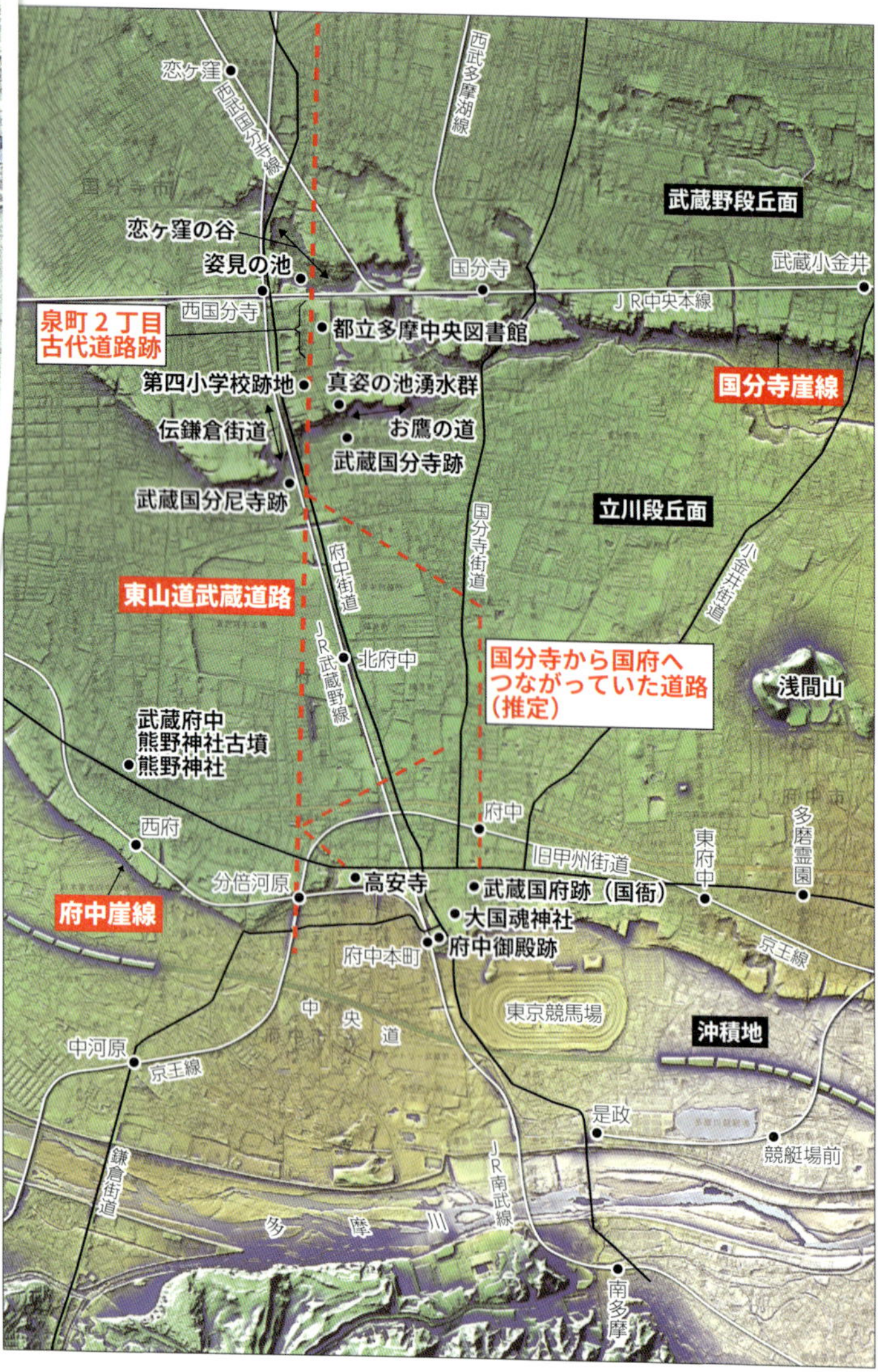
恋ヶ窪
西武国分寺線
西武多摩湖線
武蔵野段丘面
恋ヶ窪の谷
姿見の池
国分寺
武蔵小金井
西国分寺
JR中央本線
泉町２丁目
古代道路跡
都立多摩中央図書館
第四小学校跡地
真姿の池湧水群
国分寺崖線
伝鎌倉街道
お鷹の道
武蔵国分寺跡
武蔵国分尼寺跡
立川段丘面
府中街道
国分寺街道
小金井街道
東山道武蔵道路
JR武蔵野線
北府中
国分寺から国府へ
つながっていた道路
(推定)
浅間山
武蔵府中
熊野神社古墳
熊野神社
府中
西府
旧甲州街道
東府中
多磨霊園
分倍河原
高安寺
武蔵国府跡（国衙）
府中崖線
大国魂神社
府中本町
府中御殿跡
京王線
中央道
東京競馬場
沖積地
中河原
京王線
是政
競艇場前
鎌倉街道
JR南武線
多摩川
南多摩

地形と地理で解ける！

東京の秘密33 多摩・武蔵野編

内田宗治
Muneharu Uchida

JIPPI Compact

実業之日本社

はじめに

ある冬の日、T大学の教授に話を伺っていて驚いたことがあった。史学が専門の先生である。余談となった際、私が、

「今日は電車の中から丹沢や秩父の山がよく見えて、真っ白に雪を被った雲取山《くもとりやま》を久しぶりに見ました」

というと、先生は、

「雲取山？　どこの山？」

との反応なのである。

私は小学校でこう教わった。

「東京都は都会や住宅地というイメージがあるけれど、山間地もあって標高2017メートルの雲取山も東京都です」

そのため雲取山は誰でもが知っていると思っていた。地理と歴史は接点も多い。それなのに大学の歴史の先生がこの山を知らない。それにびっくりした。

考えてみれば、このことは「郷土の地理・歴史」といった授業で習ったように記憶する。

この先生の出身は長野県（私は品川区出身）。長野県には3000メートル級の山も多いので、2000メートル程度の雲取山など注目に値しないのかもしれない。東京都以外の小学校では雲取山は習わない。ご存知ないのも当然なのだった。

このように都内で小学生時代を過ごしている人にとっては常識だが、そうでない人の多くが知らないことに、次の二つのこともあるように思える。

・東京の下町には海抜マイナス2メートルなどの「0メートル地帯」が広がっている
・江戸時代に奥多摩の入口にあたる羽村《はむら》から四谷大木戸《よつやおおきど》まで「玉川上水」が作られた

「雲取山」「0メートル地帯」「玉川上水」は、東京出身者が、日本人の常識のように勝手に思い込んでいる三大知識といえるようなのである。

「玉川上水は皆が知っているのでは？」と思う方もいるだろう。それでは次のことはどうだろうか？　小学校高学年向けの学研プラス発行の参考書『はてな？　に答える小学社会』で「郷土の開発」というページを開いてみた。「教科書の基礎から入試対策まで」と表紙に謳われている参考書である。

そこには通潤橋《つうじゅんきょう》☆☆☆、吉田新田《よしだしんでん》☆☆、浜口梧陵《はまぐちごりょう》☆☆、拾ケ堰《じっかせぎ》☆、玉川上水☆などがそれぞれ200字程度の解説で載っている。これらのうちいくつをご存知だろうか。☆の数が多いほど学校のテストや入試に出題されやすいと書いてある。

通潤橋は、江戸時代に現在の熊本県白糸台地に布田保之助《ふたやすのすけ》によって作られた水が通る石の橋。サイホンの原理で台地へ灌漑用の水を送った。

吉田新田は、江戸時代横浜港の入り海を埋め立てて開かれた新田で、吉田勘兵衛によって作られた。

浜口梧陵は、江戸時代に広村（現在の和歌山県広川町）生まれで大地震と大津波の被害に遭った村に高い堤防を築いた偉人。

拾ケ堰は、江戸時代に安曇野《あづみの》（現在の長野県安曇野市）に等々力《とどろき》孫一郎により作られた用水（堰）で、これにより多くの水田が開発できるようになった。今では安曇野市は長野県で最も水田の多い所となっている。

これらの物件を全部知っていた方は少ないのではないだろうか。玉川上水と同じ☆一つの拾ケ堰を知っている人はどのくらいいるだろうか。☆の数がそれより多い通潤橋や吉田新田なども知らない人が多そうである。同書では玉川上水も説明されているが、全国の小学校や中学校では、玉川上水まで授業で触れなかったり、たとえ触れても覚えきれない、忘れたという子もたくさんいるだろう。

玉川上水以上に知っておくのが重要なのは、都内下町地域には「0メートル地帯」が広く存在することだろう。高潮や洪水への防災知識として必須のものである。私が人前で東京の地形散歩の楽しさを話したり、現地散歩講座などで参加された方と話をしたりする時、地方出身の方など多くの人がこのことを知らないので最初はとても驚いた。知っていても重要性を認識していない人が多い。「0メートル地帯」の知識の危険性を話し終わった後、「知っておくことは大切ですね」としみじみと感想を述べる人が多いのが印象的だ。

こうした経験を踏まえて本書では、多摩地域の地形や地理の話に初めて触れる人向けの基本的なことも含め、ある程度ご存じの方も得ることが多いようにと記述を進めた。

雲取山の遠望は第四章、玉川上水は第一章で述べる。0メートル地帯に関してはこの本のエリア外なので本文で触れないためここで簡単に延べておくと、満潮面（標高約0・9メートル）より海抜が低い地域が江東区、墨田区の全域（近年の埋立地を除く）、江戸川区、荒川区、足立区のそれぞれ半分ほどの地域に広がっている。江戸川区の南西部一帯（たとえばJR総武本線平井駅前）など、標高がマイナス2メートル以下である。詳しくは前著（『地形で解ける！　東京の街の秘密50』）を参照していただければと思う。

＊

東京都の地図（島部を除く）に縦に線を入れて、三分割すると、一番右が23区部分、真ん中が多摩地域の台地部分、一番左が多摩地域の山間部（いわゆる奥多摩など）となる。

右3分の1の23区の人口は約940万人で、面積では東京都の32％なのに対し、人口では約70%を占める。政治、経済の中心地であることは言うまでもない。

だが江戸時代より前は、東京での歴史的ドラマはそのほとんどが多摩地域で起きていた。そのドラマには地形が大きく影響したものが多数ある。地形と歴史を融合してみていくと、歴史のドラマチックな面がさらに増幅されて見えてくる。そのため本書では歴史に関連したテーマが多くなっている。

前著執筆段階では、多摩地域編の発行は予定していなかった。そのため前著では23区エリアに限らず多摩地域の話もいろいろと述べた。本書ではそれとの重複を基本的に避け、同じ場所の話では、別の視点からの記述としたり、たとえば多摩湖・狭山湖などは本書では触れなかったりしている。

また最後に付章を設けてみた。ここでは地形という本書のメインテーマとは少し離れるが、そこに住む人の特徴、たとえば住人の所得水準や最終学歴、戦後からの人口増加の経緯などを表すデータに関して述べてみた。こうした点に関心が強い方は、こちらから読み始めていただければとも思う。人文地理的な内容だが、固く考えず散歩の視点で見ても、閑静な住宅地の存在理由、町ができていった時代による町並の相異など、データを知ると散歩で得る知識が豊かになる。

地形や地理を軸にしながらその土地の生活者の姿を含めて、多摩地域を俯瞰してみたい。

◉目次

第三章 武蔵野台地の「道」と地形編

第四章

多摩の鉄道と地形編

付章

多摩地域 暮らしの地理学編

装丁 杉本欣右
DTP Lush!
地図制作・編集 磯部祥行（実業之日本社）

※本書に掲載した地図のうち、出典を記載していないものは、DAN杉本氏制作のカシミール3Dで「スーパー地形データ」と国土地理院の「地理院地図」を使用して作成した地図に加筆しました。http://www.kashmir3d.com/

第一章

武蔵野台地の水と地形

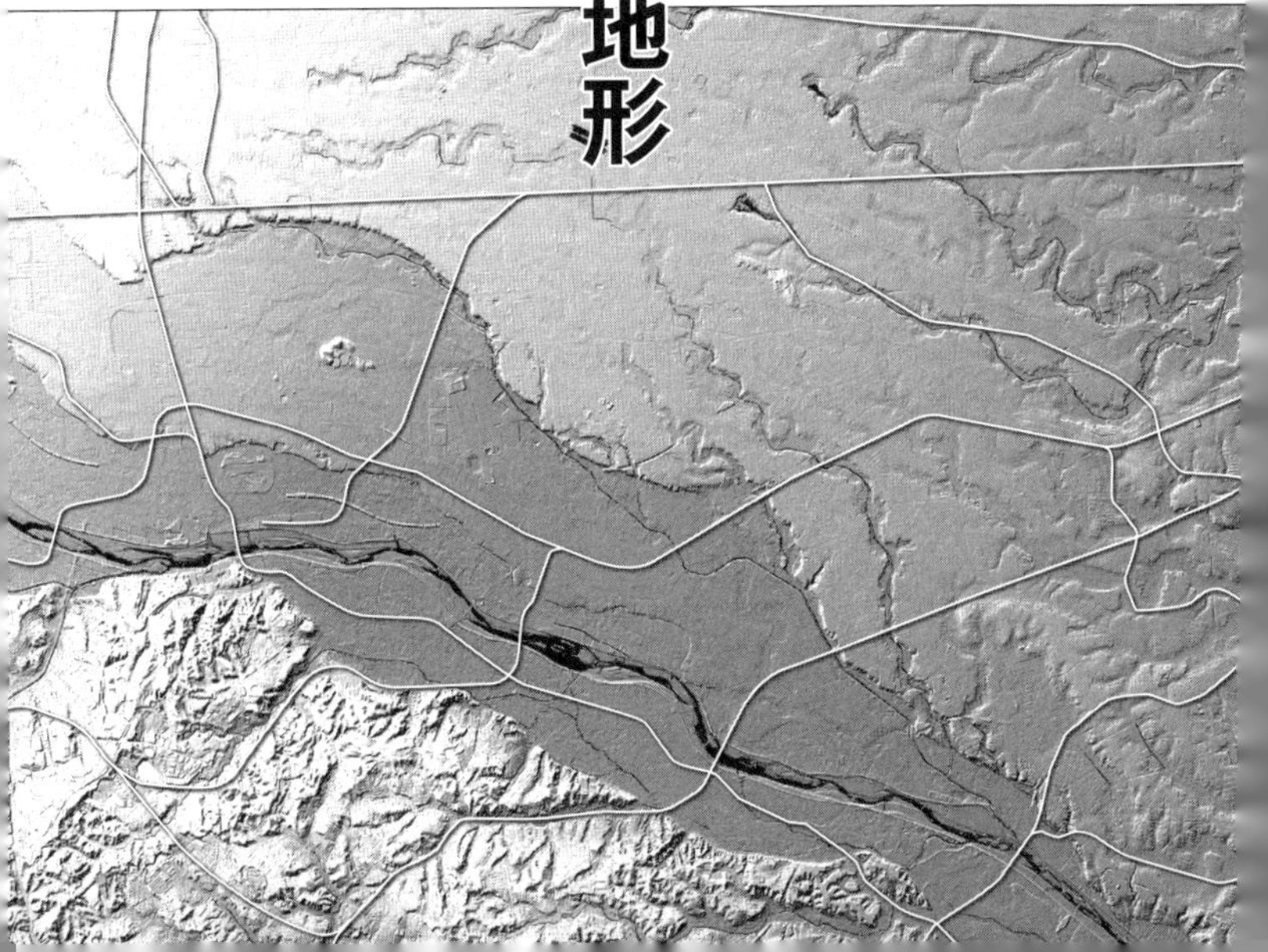

1-1

井の頭池の水が突然澄んだのはなぜ？湧水池の多い標高50メートルライン

中央線吉祥寺《きちじょうじ》駅の南側に広がる井《い》の頭《がしら》公園。平成16（2004）年秋、異変が起きた。池の水が美しく透き通って、普段は見えない底が見えてきた。棄てられ沈んでいた自転車が発見され、引き揚げられたりもした。

記録的大雨が続いて地下水位が上昇し、大量の湧水が池の周囲や底から湧き出たためだ。大雨の際、川の水は濁流となり濃い茶色になるが、湧き水は常に澄んでいる。昭和戦前の一時期には水泳場もあったという井の頭池は、数日間だけその頃に近い姿に戻った。

井の頭池には流れ込む川がない。水源はすべて湧水だった。昭和34年頃から湧水が減り始め、昭和37年には初めて池が干上がった。周辺の都市化が進み、畑や雑木林がなくなって、湧水のもとになる雨水が、コンクリートの上を一気に川へと流れ出してしまい、土から地下へと浸み込む水が激減してしまったためである。武蔵野市や三鷹市で上水道用に深井戸から水を大量に汲み揚げているのも、池への湧水を減らす原因だとの説もある。

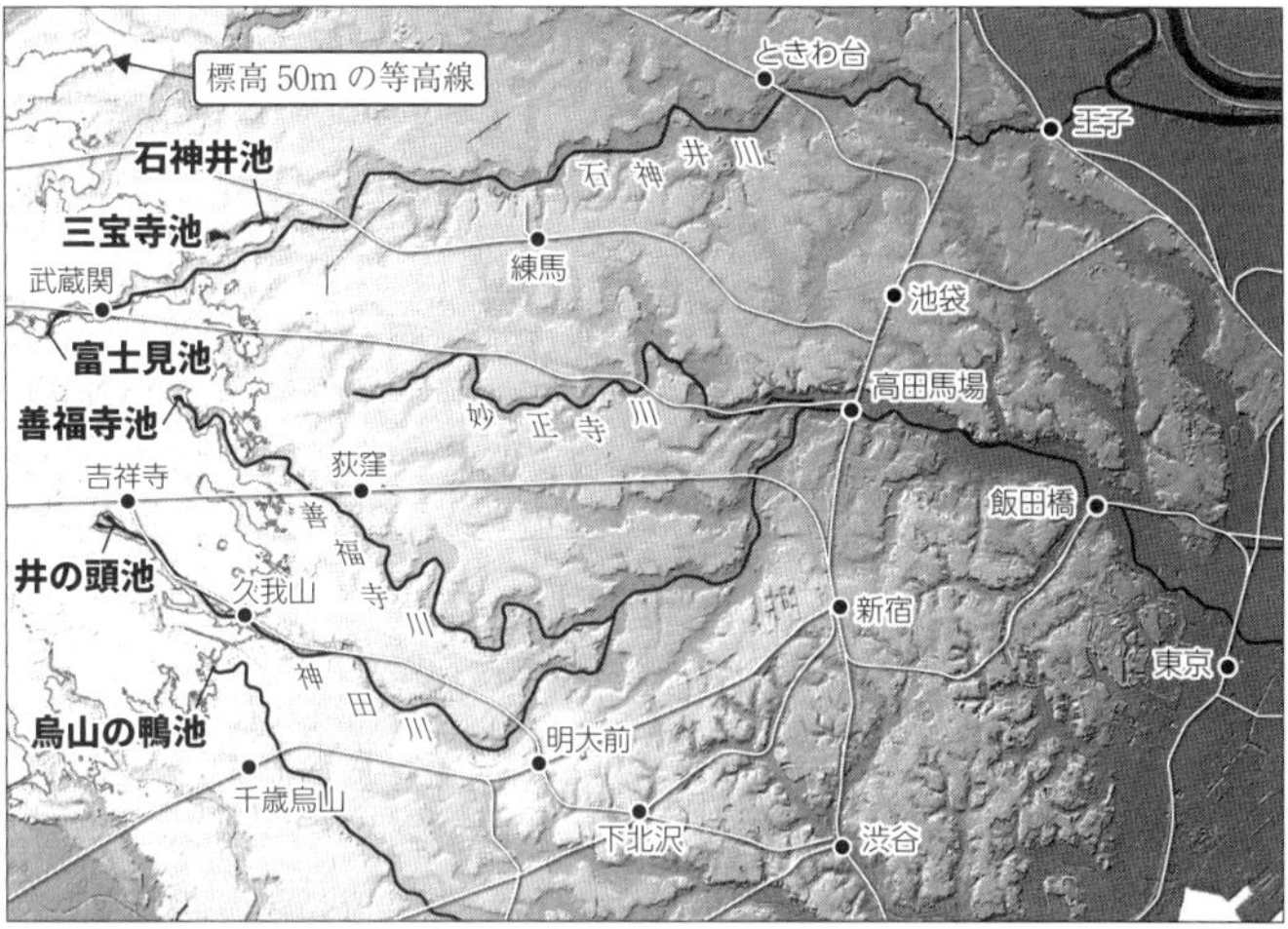

標高50mラインの池

現在、池にたたえられている水は、数カ所の深井戸から一日約３５００トンも汲み揚げて注ぎ込ませたものである。池の一番西側には「お茶の水」という石の井桁を組んだ湧水スポットがある。かつては常にそこから水が溢れ出ていたという。その昔、徳川家康が当地へ鷹狩りに来た時、この湧き水が良質なのを好んでよく茶をたてたのでこう呼ばれるようになった。湧水が枯れてからは、深井戸から汲み揚げた水を本物の湧き水のように見せて流していたという。平成30年春に訪れた時は、この「お茶の水」から水が出ていなかった。通りかかりの年配の女性が、

「私が若い頃はここからこんこんと湧き出ていたのよ。吉祥寺も都会になって出なく

なっちゃったのねえ」

と連れの方に話していた。

大きな川のほとんどは、山々の間に刻まれた谷の奥を水源としている。東京付近でも荒川や多摩川がそうだ。一方、台地の中に突然水が湧き出て池ができ、そこを水源とする川もある。武蔵野台地の特徴については後述するが、台地内の標高45～50メートル前後の地をたどっていくと、各地に池が点在しているのに気づく。井の頭池（三鷹市）がそうであるし、その北の善福寺池（杉並区西端）、石神井《しゃくじい》池・三宝寺池（練馬区）も同様である。これらの池もそこに流れこむ川がなく、神田川、善福寺川、石神井川（支流）の源流となっている（石神井川本流の上流には標高約50メートルの地に富士見池がある）。また南側でも標高約50メートルの所に小さな池だが烏山《からすやま》の鴨池《かもいけ》（世田谷区西端）があり、そこから目黒川の源流部である烏山川が流れ出している。

なぜ標高50メートル付近に湧水による池が多いのだろうか。武蔵野台地は西が高く東が低くなっている。地表勾配がこの付近で緩やかになる。またこの付近より西にいくほど関東ローム層やその下の砂礫層が厚い。これらの層は水を通しやすいので地下水位が低かったが標高50メートル付近ではその層が薄くなる。そのため湧出しやすい。

こうした谷の最上流部の池から流れ出した川は、崖下の湧水を集めながら水量を増し、

数年ぶり増水時（平成29年10月）の井の頭池。周囲の道まで水が溢れた

高田馬場や飯田橋付近の凸凹地形（神田川）、王子付近の滝野川渓谷（石神井川）などを浸食作用で作り上げていった。井の頭池などからの湧水が、都心付近の起伏豊かな地形を生み出したのである。

その地形の母なる湧水のメカニズムが完全に絶たれていないことは、前述平成16年の異変で判明した。長雨が降ったり、地下に水がもっと浸みこむようにしたりすれば湧水は復活する。気象庁の記録を調べると平成16年の例（練馬観測所）では10月上旬の7日間で計約470ミリの雨が降っている。だがその後現在（同30年9月）まで最大で一週間300ミリ程度の雨しか降っていないので、井の頭池で同じような異変は起きずにいる。

湧水が大量となる条件は、ゲリラ豪雨のように短時間だけ大量に降るのでは効果が薄い。水が地面に浸み込む時間が短く川や下水へすぐに流れ出してしまうためである。春や夏は木々が蒸散作用で土壌の水を大量に吸うので湧水量は増えない。その点、数日間大雨が続く秋の長雨が最適なのである。平成29年10月に久しぶりに1週間で約300ミリの雨を記録した時（同観測所）、井の頭池では周囲の地上斜面からも水が湧き池の周りの道が一部冠水するほどだったが、池の水が澄むまでには至らなかった。

だがこの時、ちょっとした嬉しいことも起きている。「お茶の水」から自然に水が湧き出した。その状態はひと月近く続いたそうである。前述の女性が若い頃見たのも、そういう特別な時期、本物の自然の湧き水だったのかもしれない。

とはいうものの大雨に頼っていたのでは、大量の湧水を経験することは難しい。都市化が進んでも、雨水を多く地面に浸み込ませれば、湧水は増える。そのため三鷹市や武蔵野市では、住宅屋根などに降った雨を雨樋で集めていったん地面に設置した枡の中に入れ、底や側面に開いている穴から地中へと浸透させる雨水浸透枡の設置に対して助成制度を設けている。現在も湧水の水脈は細々ながら生きている。井の頭池は訪れる人に憩いを与えてくれているが、池は満身創痍、やっとのことで生命を維持されながら必死に人々に笑顔を向けてくれているように感じることがある。

1-2 水を抜いて天日干しした井の頭池 カイツブリが繁殖し、湧水も確認？

この数年、大雨でなくても井の頭池の水の透明度が増している。平成26（2014）年を第1回として「かいぼり」が行われているためである。かいぼりとは、池の水を抜いて底を天日干し《てんぴぼ》しすること。同年1月に水を抜き約1カ月の池干しを経て3月に満水に戻した。平成29年からテレビ東京系列で「池の水ぜんぶ抜く大作戦」の番組が始まり、全国各地の池でかいぼりの際に巨大魚が見つかる様子などを放映して人気番組となっているが、井の頭池では、放映以前から行っている。

かいぼりの主な目的は外来生物対策と在来生物の復活、池の水の浄化である。井の頭池ではこれらの作業が、多くの市民ボランティア協力のもとに行われている。

かいぼり前、池の中を覗いていると、鯉やカモが水面近くでは目立っていたが、水中ではブルーギル、オオクチバスといった外来魚の天下となっていた。第1回のかいぼり時では、これらを中心とした外来種は捕獲した魚類の80％以上を占めていた。捕獲した魚類のうち在来種だけを満水後に戻した。第2回が平成27年11月〜翌年3月、第3回が29年12月〜翌年3月に行われ、第1回と2回で外来生物約3万匹を捕獲している。第3回ではオオクチバスは根絶が確認されたという。外来生物が減少したので、在来の魚のモツゴ、エビ類が生息できる環境となり、これらが大幅に増加した。これまでほとんど見つかっていなかったナマズの稚魚も多数確認された。これらの在来種は繁殖していたはずだが、圧倒的多数のブルーギルなどに食べられていたのである。

外来種問題は魚だけに限らない。水鳥をはじめとした生態系全体の問題でもあった。カモの子どもと見間違えられることも多いカイツブリなどは、外来魚がすばしこいせいか口に合わないのかそれらを食べようとはせず、ほとんど見かけなくなっていた。昔からいて大好物のエビやモツゴが増えて、これら水鳥の繁殖が盛んになった。

また水の透視度も増している。カイボリ前は夏はアオコが発生し透視度は10〜20センチ、冬でも40センチ程度だったのが、カイボリ後は130センチ以上の日が続いた。池の底の泥を空気にさらすと窒素が抜け水質がよくなるためなどである。

水がやや澄み、池底まで日光が届くようになると、在来の水生植物も復活した。それが繁茂するとミジンコのすみかになり、濁りの原因となる植物プランクトンを食べてくれる。

ただし解決できないこともある。アメリカザリガニは泥に潜るので、かいぼりでは捕る

かいぼりで水を抜いた井の頭池。池の中の生物を捕獲

ことが難しい。アメリカザリガニはせっかく生えてきた水生植物をハサミで切ってしまう。そのため対策として数種類のワナを使って捕獲している。

毎回かいぼりを見に行くと、捕獲された魚が展示されているのも興味深いが、池の底の様子も気になる。わずかだが底から湧水が出て底に細い流れの筋を作っている。かいぼりは毎回冬に行われている。雨量が少なく湧水量が最も少ない時期である。湧水量を定期的に測定している国分寺市真姿の池の例では、毎年冬場の湧水量は秋の3分の1程度である。湧水が多い時はかいぼり時に生物の捕獲などが難しくなるので身勝手な希望かもしれないが、一度秋に行って欲しいと思う。

1-3 多摩川から二段上がる崖線 府中崖線と国分寺崖線とは

ここで多摩地域の地形の特徴を概観しておこう。ＪＲ京浜東北線の線路を例にとれば、赤羽―田端―上野―東京―品川―蒲田を結ぶライン付近から西側に武蔵野台地が広がっている。一方、武蔵野台地より東側は東京低地（沖積《ちゅうせき》低地）、いわゆる下町である。縄文時代の一時期などは海面が高く、海だった。

武蔵野台地は北を荒川、南を多摩川に挟まれている。奥多摩方面から流れてきた多摩川が山間部を脱し、流れがやや緩やかになるのが青梅付近。多摩川はそこを扇の要として、東に広大な扇状地を形成した。これが武蔵野台地の基盤となっている。武蔵野台地一帯は、多摩川の本流や枝分かれした分流が幾度となく流れを変えていく中で、少なくともある一時期、その河底だった地域が多い。

扇状地が造られる際、そこにあった丘陵は川の浸食作用により削り取られ、ほぼ平地となった。削り残された部分が狭山湖や多摩湖のある狭山丘陵、浅間山（府中市）などである。

国分寺崖線（世田谷区成城付近）。崖の下、湧水を集めた野川が流れる

凸凹地図（巻頭カラー参照）を眺めると扇状地に島のように残された様相が分かる。

扇状地はその後に隆起し台地となり、富士山や箱根の山々をはじめとした火山活動により、関東ローム層が数メートルから十数メートル堆積するなどした。台地の北東側は、利根川（現在の荒川に近い流路をとっていた）により大きく削り取られた。

武蔵野台地の中でも都内環八通り近辺から西側、立川や多摩湖付近までの台地南部は、一段ないし二段の階段のような地形をしている。

多摩川とそれに続く平地を階段下とすると、一段上の地が立川段丘である。京王線の駅でいえば府中や調布がこの段丘のエリアにある。

段差にあたる部分として連なる崖が府中崖線《がいせん》である。府中崖線は立川市付近では立川崖線と青柳《あおやぎ》崖線とに分かれ、その東の南武線谷保《やほ》駅付近で一つとなり府中駅の南を通って狛《こま》江《え》市付近まで約16キロ続く。

さらに立川段丘よりもう一段上の面が武蔵野段丘で、武蔵野台地の一番上の段にあたる。JR中央本線の国分寺駅や三鷹駅がこの段丘のエリアにある。立川段丘と武蔵野段丘との段差の崖は国分寺崖線と名付けられている。概して国分寺崖線のほうが府中崖線よりも段差（崖下と崖上の高低差）が大きい。

国分寺崖線は立川市北部を起点に、国分寺、深大寺《じんだいじ》、成城学園、二子《ふたこ》玉川へと続き、大田区西端の田園調布付近で多摩川とぶつかって終わる。その距離は約30キロも続いている。断崖状になっている所もあるが、高低差10～20メートルの斜面となっている区間が多い。

また台地のさらに内部はどうだろうか。こちらは深い井戸を掘らなければ水を得ることができず、江戸時代に玉川上水ができるまでほとんど開発が進まなかった。水田を作れないばかりか、生活用水にもことを欠く地域だったためである。

そのため武蔵野台地では最初に崖線付近に文化の花が開いた。崖線には斜面や崖下に水が湧くためである。後述するが、国分寺崖線や府中崖線沿いには、古代武蔵国国府《むさしのくにこくふ》や武蔵国分寺が置かれた。深大寺、大国魂《おおくにたま》神社といった寺社もこれらの崖線に立地している。

国分寺崖線と府中崖線

なお米作りが行われていなかった縄文時代にまで遡ると話は別で、武蔵野台地の中、石神井川の源流近く、富士見池の南側に南関東最大級の縄文時代の集落跡（下野谷《したのや》遺跡）がある。近年発掘が進み、平成27年に国史跡に指定されている。

　武蔵野台地の北側に目を転じると、南北に並行して数本の緩やかな谷が台地へと入り込んでいる。柳瀬《やなせ》川、黒目川、白子川などがその谷を流れているが、これらの谷は現在の上記小河川が浸食したのではなく、大昔に多摩川が流れて造り出したものだとされる。西武池袋線に乗っていると大泉学園—所沢間で次々にこれらの川を越えるのだが、谷が浅いので、谷を越えたという実感に乏しい。

1-4 玉川上水その1
江戸の下町と台地それぞれの井戸問題とは

近年ゲリラ豪雨による短時間集中豪雨、また長時間の大雨、大型台風などにより各地で水害が多発している。地元自治体などが作成した洪水ハザードマップを見て、どこが浸水被害に遭う想定なのか確認しておくのが肝要である。昨今テレビや新聞でそのことが繰り返し語られているので、洪水ハザードマップを見たことがある人も多いだろう。「自治体名」、「洪水ハザードマップ」を入力してネット検索すればほとんどの場合該当ページがヒットして閲覧できる。

その本筋の話とはまったく離れてしまうのだが、東京都建設局のHPで都内各河川のハザードマップを見ていて、唐突ながら玉川上水を作った江戸時代の人の偉大さにあらためて感じ入ってしまった。同HPに掲載されている各河川流域の境界線が玉川上水の流路とみごとに一致していたためだ。

左図が同HPにも掲載されている各河川の流域を示す図である。玉川上水は人工水路、

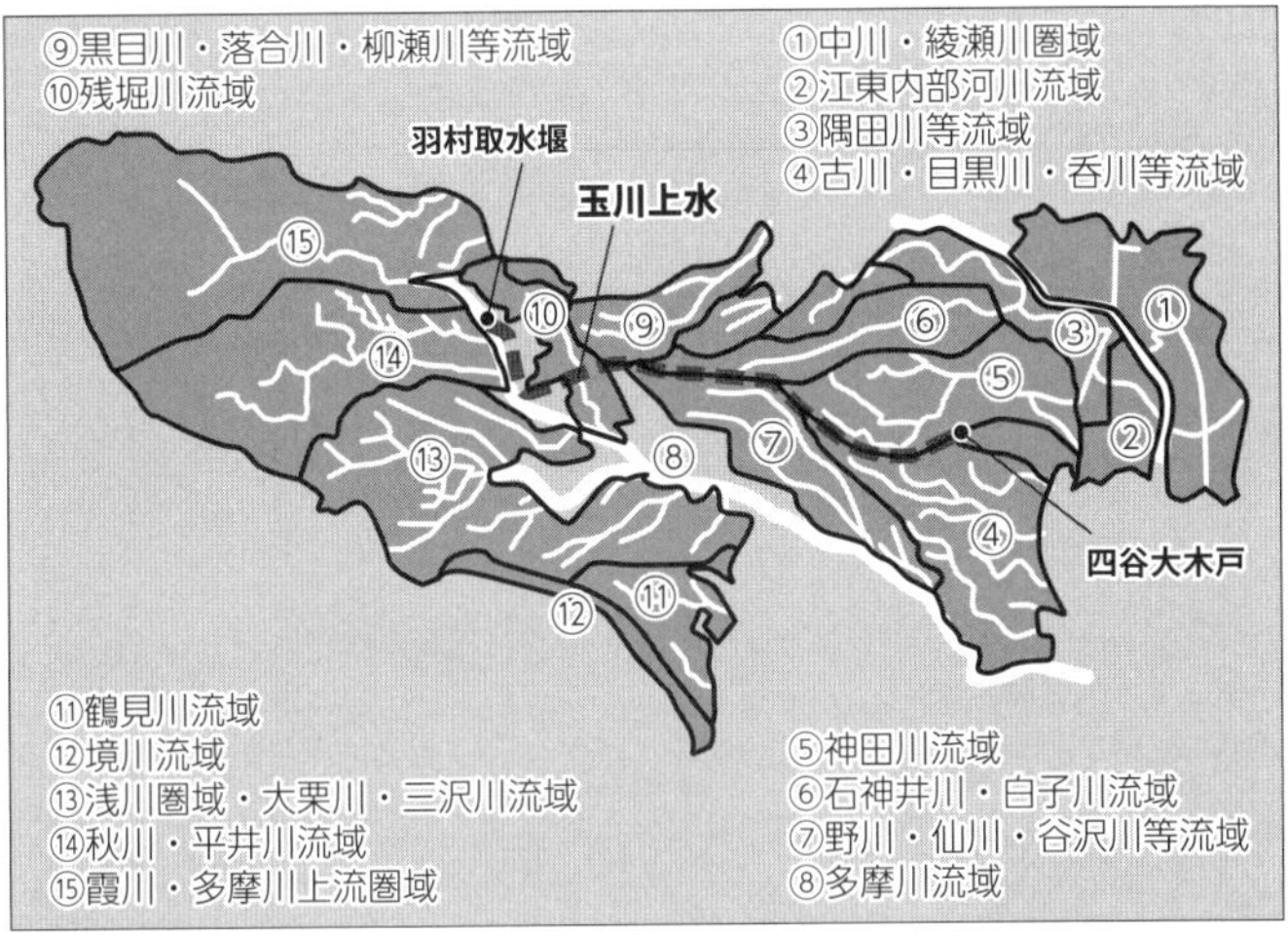

都内河川流域図と玉川上水（東京都建設局のWEBサイトを参考に作成）

流域図の河川は自然のもの。また玉川上水は江戸時代、この図が作成されたのは現代である。それらがどう関係するのか分かりにくいかもしれないので順を追って述べていこう。

東京都建設局では、都内を15の河川流域に分け、それぞれに対して洪水ハザードマップを作っている。流域とは雨が降った時その河川に雨水が流れこむ地域のことである。たとえば新宿駅に降った雨は神田川に流れるので新宿駅は神田川の流域であり、代々木駅に降った雨は旧渋谷川を経て目黒川へと流れるので目黒川の流域である（あくまで地形上の話で実際に降った雨は下水管を流れ、かなり離れた水再生センターへ導かれたりする）。流域と流域の境界線は、降った水を分ける分水嶺として他より高い尾根筋となっている。都内の場合、尾根筋といっても緩やかな起伏のため実感しにくい所がほとんどだが、その尾根筋は確実に存在する。前述の例では新宿駅すぐ南の甲州街道付近が分水嶺となっている。

正確な地図や高度な測量機器などない時代に、玉川上水は流域の境界線、すなわち目立たないながら存在する尾根筋をたどって作られている。

玉川上水は前著で詳しく触れたので、簡単に振り返っておく。奥多摩渓谷の入口にあたる多摩川羽村堰から四谷大木戸（現新宿御苑東北端付近）まで約43キロ、江戸幕府開設50年後の1653年に作られた。江戸の町に飲料水や生活用水を供給するのが主目的である。なぜこれほど大規模な工事をしてまで水路を建設したかといえば、江戸市中、日本橋などの低地とその西側の武蔵野台地とで、それぞれ異なった井戸不足事情があったためである。

現在の皇居から東側の下町地区では、当時の技術で浅井戸（深さ数メートル程度）を掘っても井戸水に海水（塩分）が混じってしまうので、飲料水や生活用水に利用できなかった。水の供給は神田川の水を使った神田上水と赤坂方面から流れる川の溜池《ためいけ》（現虎ノ門〜赤坂付近）などからに限られた。これでは水不足で都市として発展できない。

西側の武蔵野台地の方はといえば水を通してしまう関東ローム層などが厚く、数メートル井戸を掘った程度では水が出ない。水が豊富なのは各河川の河畔のほか、国分寺崖線な

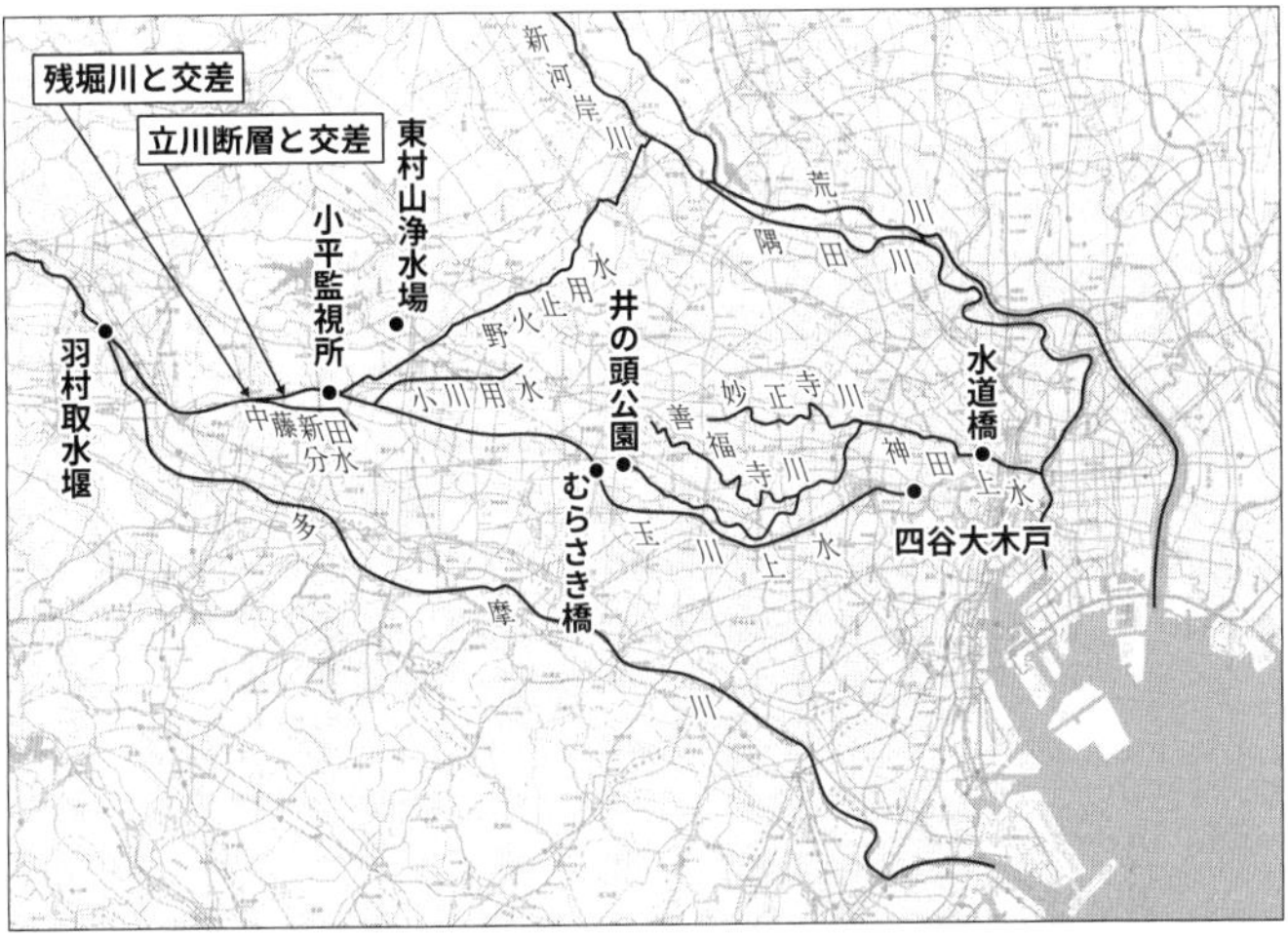

玉川上水と周辺河川

どの崖線直下など江戸市中からかなり離れた地に限られた。

玉川上水取水口の羽村堰は標高約126メートル。終点の四谷大木戸は標高約33メートル。1キロあたりの標高差はわずか2・1メートルである。この程度の傾斜だと一般の道路の場合、坂道とはまず気づかない。江戸時代の測量技術はそれを測定できるレベルに達していた。それにみあう土木建設技術も発達していた。

終点の四谷大木戸から先は道路の下に石樋や木樋を設け、それを網の目のように巡らして江戸市中に水を流した。もちろんポンプなどは使わず、すべて自然落下による流れである。言い方を変えれば、江戸市中西端付近、市中でほぼ最も高い標高33メー

玉川上水の羽村堰。ここで多摩川から水を取り込む

トルの地に豊富に水があれば、市中のいたる所に水を流しこませることができる。そこに水をもたらすために、延々と43キロの水路を建設したわけである。

水はいったん低い所に流れたらそこから高い所へは流れていかない。武蔵野台地は西から東へと緩やかに低くなる尾根が存在した。途中その尾根を遮る大きな谷もない。もしあったら古代ローマ帝国時代のセゴビア（スペイン）の石積み水道橋（長さ728メートル）のような、おおがかりな施設が必要となり、当時の技術では作れなかったかもしれない。玉川上水がなかったら江戸の町の発展もなかった。結果的には江戸市中のおよそ南側半分、百万の人口の約半数が玉川上水の水を利用していた。

1-5 玉川上水その2
活断層!?の立川断層をどう越えたか

玉川上水には興味深いスポットが多い。

・水源の多摩川からどうやって分かれて、多摩川の高い河岸段丘の上を流れるに至ったか
・途中で残堀川《ざんぼりがわ》と交差を余儀なくされるが、そこをどう越えたか
・途中の小平監視所（西武拝島線玉川上水駅付近）から下流は流水量が激減するが、それまでの水はどこへ行ってしまったのか
・昭和23年に三鷹駅南東のむらさき橋付近で作家の太宰治《だざいおさむ》が玉川上水へ入水自殺した。そこでは人の膝下程度の深さしか水が流れていないのにどうして自殺が成し遂げられたのか

などである。これらは前著で述べたので簡略に記していくと、

・多摩川の勾配より緩やかな勾配の斜面のコースを取った
・サイフォンの原理でいったん残堀川の下に水を潜り込ませて越えた
・小平監視所まで流れてきた玉川上水の水は、すべてトンネル水路で東村山浄水場へと向

かう。小平監視所から先を流れる水は、それまでより水量が少ないが、この水は多摩川上流水再生センターという下水処理施設で高度処理された再生水が流されている。

・昭和23年の太宰の事件当時は、現在の数十倍の水が流れていた。

ということになる。

本書ではさらに特異な箇所を述べてみよう。まずは立川断層をどう越えるかである。立川断層は、埼玉県飯能《はんのう》市から青梅市、立川市、府中市へと約33キロ延びる活断層とされてきた。政府地震調査研究推進本部では、将来ここを震源にマグニチュード7・4程度の地震が発生すると推定し、わが国の活断層のなかでも今後30年の間に地震が発生する確率がやや高いグループに属すると評価してきた。多摩地域の住人にとっては、直下型地震を起こすかもしれない、きわめて気になる断層だった。一方、近年、東大地震研究所では33キロのうち確認できた断層は瑞穂《みずほ》町箱根ヶ崎の13キロだけで、立川市内には断層が存在しないという説を発表した。しばらく活動しない可能性に関する見解も出している。

今後のさらなる調査研究が待たれるが、立川断層とされてきた数メートルの高低差の崖が玉川上水を遮るようにして存在するのは事実である。

玉川上水は西武拝島線拝島駅付近から玉川上水駅付近まで、同線に沿って流れている。武蔵砂川駅の東方で玉川上水は立川断層にぶつかる。西から東に流れる玉川上水に対して

玉川上水が立川断層を越える地点。左側の民家が玉川上水より低いのが分かる

断層は斜めに横切っている。都合が悪いことにこの断層は玉川上水を通せんぼする形で、西側が低く東側が高い形で数メートル上下にずれている。

ここで玉川上水は南に向きを変える。この一帯の地形は北から南へと緩やかに下っている。南に向かうと周囲の土地は低くなるが、水路は土手を築いて標高を維持させている。次第に玉川上水は周囲より高い所を流れるようになり、立川断層を乗り越え、再び東へと何事もなかったように向かっていく。江戸時代、これが大地震をもたらす活断層という意識はまったくなかったろうが、行く手を遮るやっかいな段差と思ったことだろう。知恵と技術を使い、他の区間より面倒な土木工事で対処している。

1-6 玉川上水その3 ホームから支流(分水)のせせらぎが見える駅

玉川上水を本流とすれば、そこから水を取って枝分かれする支流が「分水」と呼ばれる(34ページの図参照)。1791年の『上水記』では、33の分水があったとされている。

この分水を最も手軽に見られる場所がある。国分寺駅と西武拝島線萩山《はぎやま》駅とをつなぐ西武多摩湖線青梅街道駅のホームだ。33あった分水の中にはいつの頃から埋められてしまってどこを通っていたか分からない部分や道路になって消滅している区間も多い。ところがこのホームの下を横切って流れる小川用水(小川村分水)は今でも水が流されている。細い流れだが、江戸時代とさほど変わらないと思われる。水辺の草を洗いながらサラサラと流れている。駅には目の前を流れる分水の解説板などいっさいないので、ホームにいる人ほとんどが江戸時代の史跡ともいうべき地に今いることを気づいていない。線路は単線でホームも片側一面だけ。そこへ4両の短い編成の電車が時折やってくる。ローカル線のようなムードが漂いのどかな光景だ。

江戸時代の小川用水がホームを横切る青梅街道駅

玉川上水に分水が盛んに作られるようになったのは、1720年代前半に徳川吉宗の享保《きょうほう》の改革がきっかけだった。幕府は新田開発の奨励を布告し、新田農民には保護政策が採られ、小作料の減免や農具の支給なども行われた。それまで玉川上水沿いの農家はその水を利用することができなかったが、分水を開削して水を引く許可が下りるようになった。江戸時代前半でも野火止《のびどめ》用水など分水が引かれたものはあるが、33の分水のうち約半数が享保年間を中心に1750年前後までの間に作られている。

それまで武蔵野は比較的平坦な地であったにもかかわらず、人煙まれな原野が広がっていた。前述のように水の便が悪く人が暮らすには困難だったためである。多くの

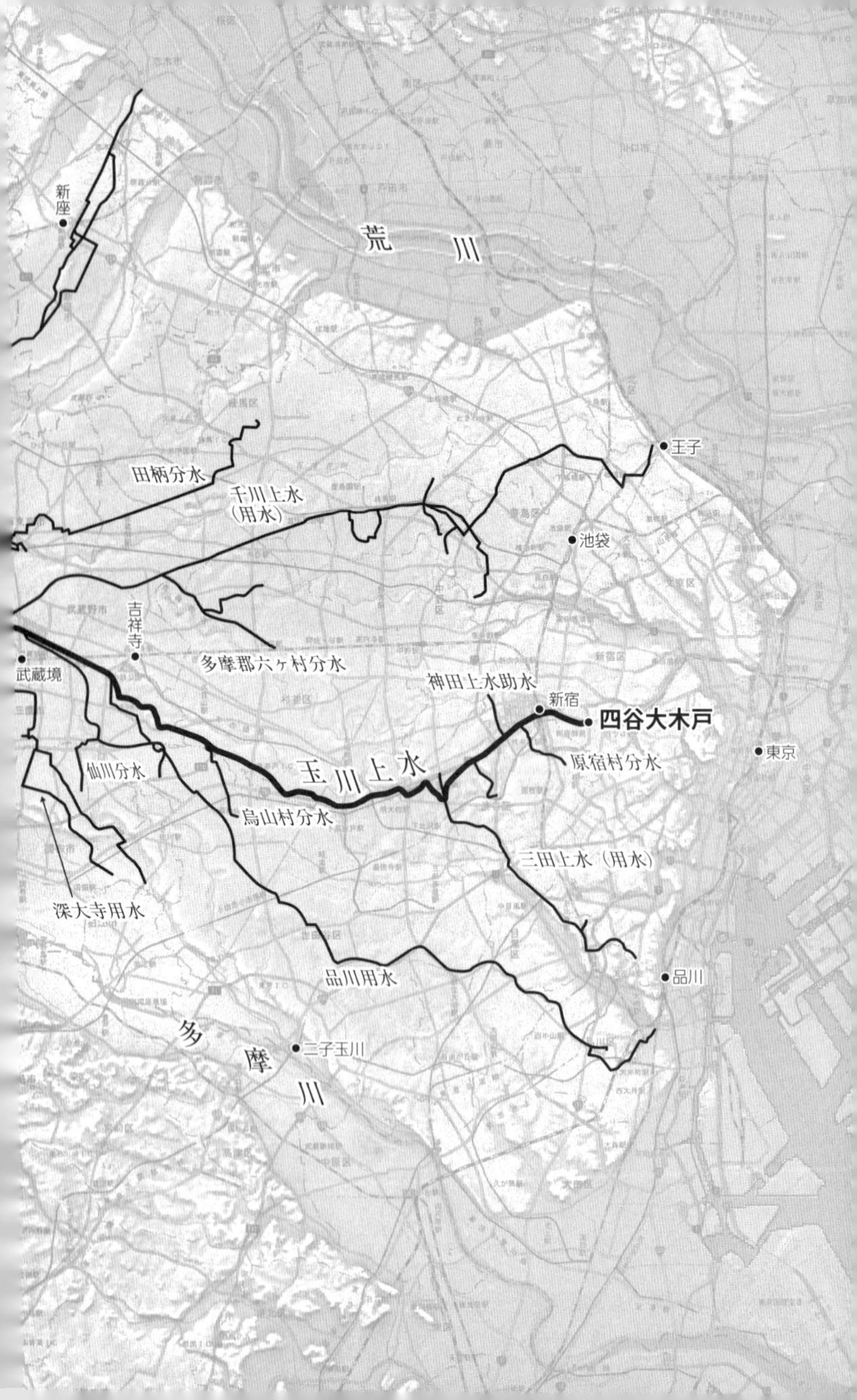
新座
荒川
王子
田柄分水
千川上水（用水）
池袋
吉祥寺
武蔵境
多摩郡六ヶ村分水
神田上水助水
新宿
四谷大木戸
東京
原宿村分水
玉川上水
仙川分水
烏山村分水
三田上水（用水）
深大寺用水
品川
品川用水
多摩川
二子玉川

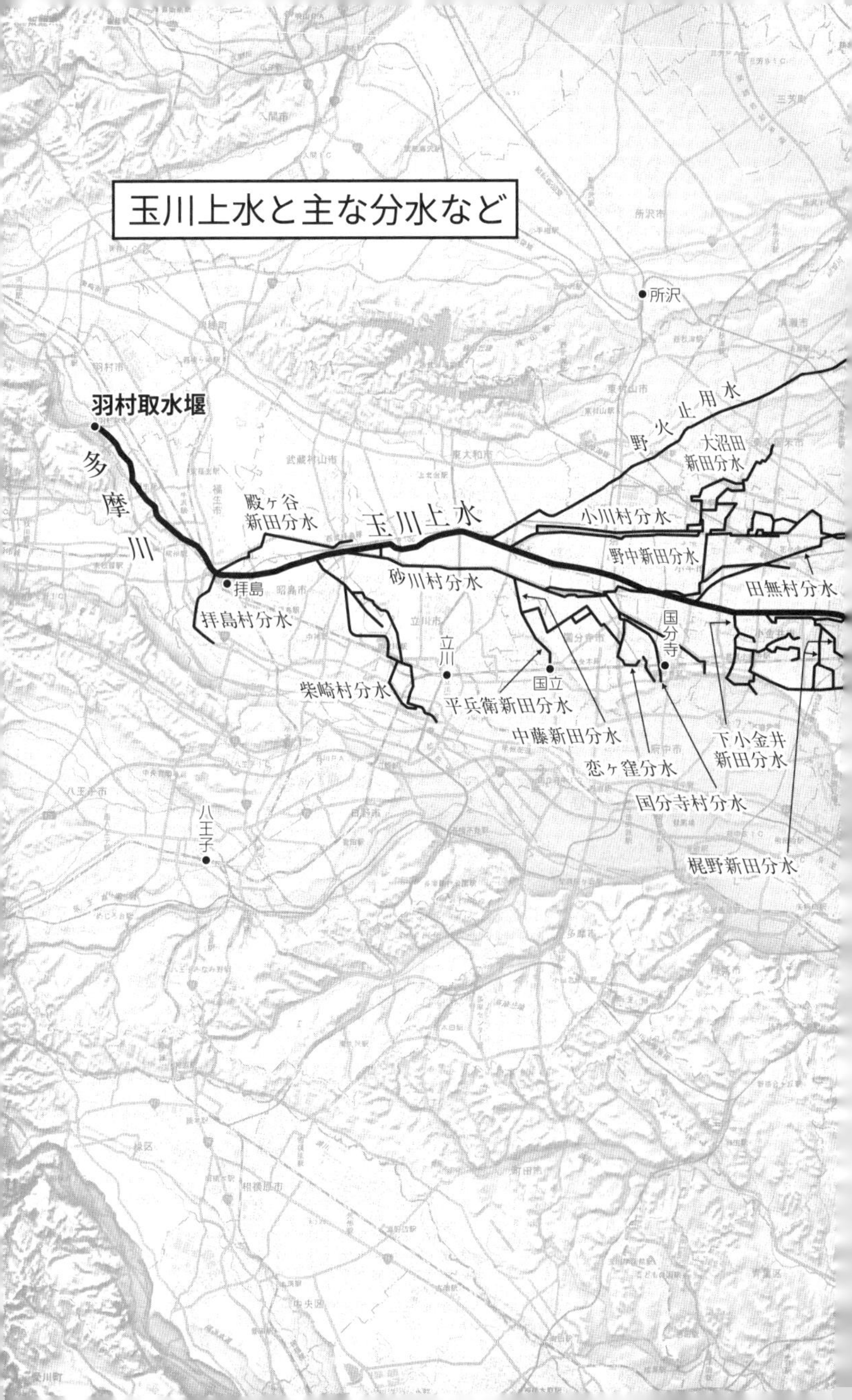

玉川上水と主な分水など
所沢
羽村取水堰
多摩川
野火止用水
大沼田新田分水
小川村分水
殿ヶ谷新田分水
玉川上水
野中新田分水
拝島
砂川村分水
田無村分水
拝島村分水
国分寺
立川
国立
柴崎村分水
平兵衛新田分水
中藤新田分水
下小金井新田分水
恋ヶ窪分水
国分寺村分水
八王子
梶野新田分水

分水が引かれた18世紀半ば以降、武蔵野の開発は盛んになっていく。

珍しい分水の例としては、胎内堀《たいないぼり》という手法で、地下水路とした部分もあった。小平監視所付近の新堀用水（分水）、中藤新田分水の国分寺市西町3〜5丁目、約600メートルの区間などが挙げられる。

中藤新田分水の胎内堀の直径は約1メートル。かつては素掘りだったといわれ、昭和30年代にコンクリート管が入れられた。深さは3メートルほどで、途中数メートルごとに清掃管理のために使用していた竪穴が並んでいる。保存状態は悪く多くの竪穴は埋没している。水路を地下にした理由は、地下の方が地質が安定していたことや、地上の起伏などによる。胎内堀は畑や農家の屋敷内などを通っていて、見学するには許諾が必要だ。

江戸の町を発展させ武蔵野台地を開発させた玉川上水は、そのもたらした成果の割に晩年の姿は寂しいものだった。浄水場で濾過《ろか》し圧力をかけて送水するという近代水道が普及する前の明治時代前半、玉川上水はコレラを流行させる源となってしまった。明治時代の人々に、玉川上水は悪しき過去の遺物といった負の記憶として刻まれた。終点の四谷大木戸にはビルの麓にぽつんと目立たずに碑が建っている。その姿はかつての役割に感謝するというより、やっと廃止できた記念という印象を受ける。せめて多摩地域にもたらしてくれた恩恵を忘れないようにしたいと思う。

第二章

戦国大名&国府と地形編

2-1 古代武蔵国の県庁ともいえる国府が府中に置かれた理由とは？

古代武蔵国の行政府である「国府」が置かれた地が府中（現府中市）である。その周辺でこの二十年ほどの間に、重要な発掘が立て続けになされている。

私は隣の国分寺市に住んでいるのだが、近所の飲み仲間などそれなりに歴史に関心がある人たちに、

「豊臣秀吉を饗応するために徳川家康が建設したという府中御殿《ごてん》の跡が整備されて本格的に公開されるのを知っている？」

といったことや、

「武蔵国分寺公園の隣で発見された古代道路は、大昔の高速道路みたいなもので、幅12メートルもあって、府中の大国魂神社付近から群馬県まで、延々と一直線に続いているというんだからすごいね」

というと、皆知らないので、「何それ？」ということになる。府中御殿の発見や整備と

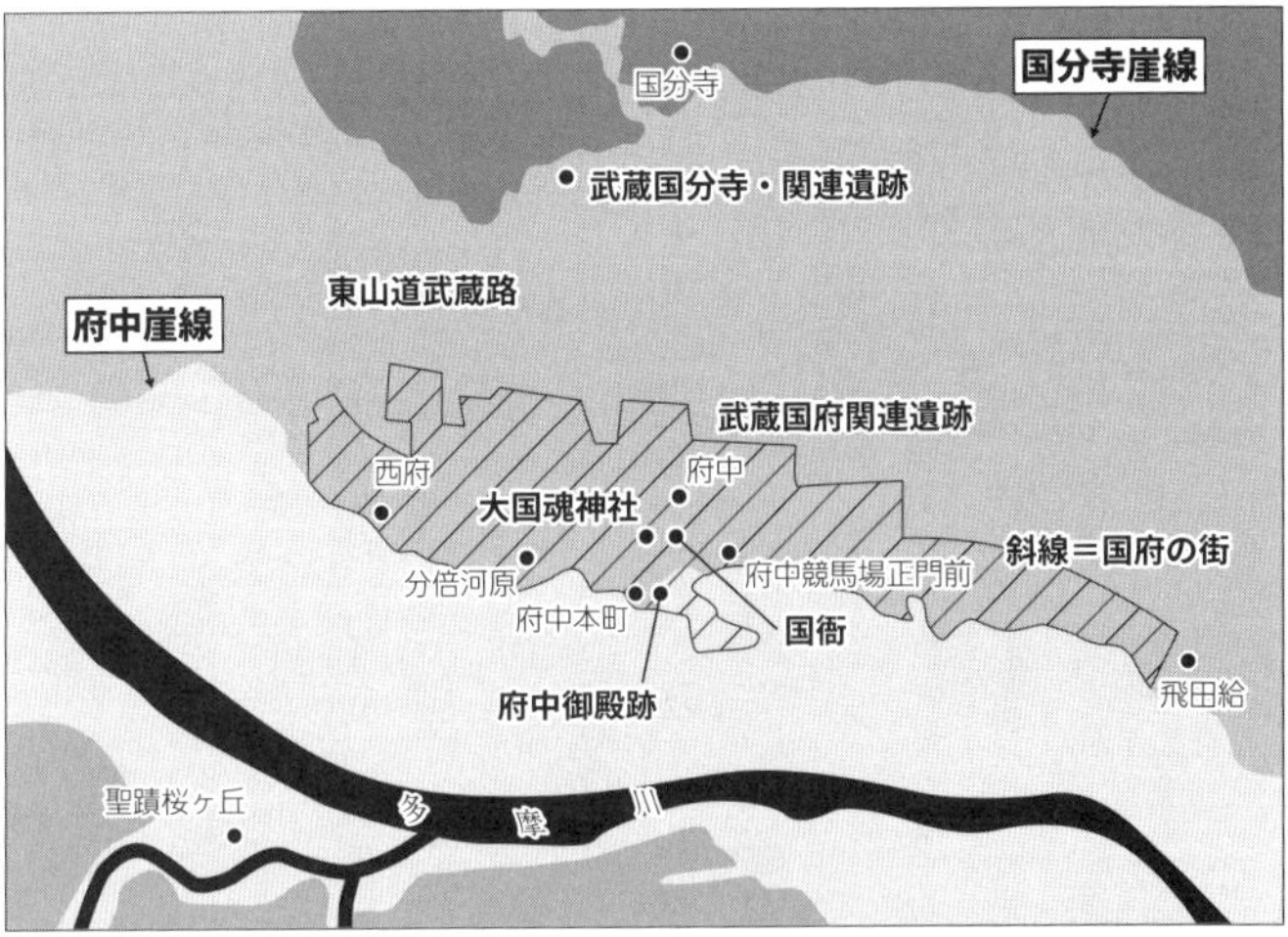

府中の「国府の街」と国分寺（府中市郷土の森博物館パンフレットを参考に作成）

いったニュースはテレビや新聞（全国紙）ではほとんど報じられないので知る機会がない。古代道路は近年になってその規模や大きさが分かってきたので、今の大人はそれを学校で習っていず知識がない。

　古代道路は次章で述べるが、まず府中の歴史を見ておきたい。その歴史は地形と深く関わっているためである。

　七世紀後半、日本に天皇を中心とする律令国家（大和朝廷）が成立すると、大陸の唐《とう》に倣って政治権力を中央官庁に集中させた国家体制が作り上げられていく。その根幹をなすのが地方ごとに「国《くに》」を置いた地方行政システムである。国は統廃合を繰り返しその数は一定ではないが60カ国前後あり、武蔵国はその一つである。

武蔵国は、今日の東京都と埼玉県、神奈川県川崎市と横浜市の大部分を占める広大なものだった。各地の国の行政は、都《みやこ》から派遣された国司《こくし》があたった。国司は地域内の行政だけでなく警察、司法、宗教などにも及ぶ絶大な権力を握っていた。その国司が赴任した役所の所在地が国府である。その中心部から順に述べると次のようになる。

・国庁《こくちょう》…国司が儀式や政治を行う役所の中枢施設
・国衙《こくが》…役所の並ぶ官庁街。国庁もこの中にある
・国府…国衙のほか、役人の館《やかた》や兵士の宿舎など諸施設の広がるエリア。そのエリアを近年、「国府の街《まち》」と呼ぶこともある。

これらを現在の状況で見てみよう。京王線府中駅のすぐ南側には、東西に旧甲州街道が延びている。そこから真南の方向へ参道が続く形で大国魂神社がある。武蔵国総社で多摩地区の代表的神社だ。初詣の人出としては例年多摩地区で最も多い。

人通りの多い参道から離れて神社東側の細道を本殿の裏側（南側）へと向かうと地獄坂の標識が目に入る。日中も鬱蒼《うっそう》として暗いのでその名が付いたという。短い階段のある坂で、その先は墓地となる。多くの人と同じように旧甲州街道側から参拝をするだけだと、大国魂神社は平地に立地しているように感じるが、地獄坂へと足をのばせば、府中崖線の上に立地しているのを実感できる。

武蔵国府跡（国衙地区）。役所の中枢施設が置かれた所が復元されて公開

武蔵国の国府の心臓部ともいえる国衙や国庁がどこにあったのかは、江戸時代後期から諸説が示されてきた。大国魂神社のすぐ東側との説が有力だったが、平成17（２００５）年、境内東隣の調査で四面に廂《ひさし》を設けたひときわ大きな建物跡が発掘されたことなどにより、国衙の中枢をなす場所が特定された。現在同地は武蔵国府跡国衙地区として国史跡に指定され、こぢんまりとした史跡公園になっている。

武蔵国の国府関連遺跡で、これまでに府中市内で発掘された竪穴建物跡は約４０００棟、掘立柱《ほったてばしら》建物跡は９００棟を超える。とくに国衙を中心とした東西約３キロに建物跡が密集していて、おおよそこの範囲が国府の街とみられている。南北は最大で約

1・8キロ広がっているが、そのほとんどは府中崖線のすぐ上に位置している。

国府の街では、庶民の多くは竪穴建物に住んでいた。これまでに調査した地区の結果から全体を推計すると、東西約3キロの範囲に、多い時で1000棟近くの竪穴建物が同時に存在したと考えられている。人口は数千人に及んだ。国府は壮大な役所群が建ち並ぶだけでなく、多くの人々が暮らしを営む街だったのである。

国府の街では府中崖線からやや離れた崖上の3カ所で井戸の跡が見つかっている。井戸の多くは道路に面しており、住人が共同利用することを目的に掘られたと思われる。

このことを逆にみれば、人口の割に井戸の数が極端に少ない。崖下には豊富な湧水スポットが多数ある。ほとんどの住人は湧水を利用しただろう。多くの人が暮らすのに湧水の出る崖線の存在は不可欠のものだった。繰り返しとなるが武蔵国の国府が府中の地に置かれた大きな理由の一つに、府中崖線の存在が挙げられる。

発掘成果によれば、国府の街は10世紀後半以降著しく規模を縮小していく。居住地域が発掘のあまり及んでいない府中崖線下の平地に移動した可能性も考えられるが、明確な証拠はない。府中崖線の下の平地は、多摩川の氾濫原になることもあり、遺構はその時に流されてしまって残らないのである。中世の遺構や遺物も古代に比べ少ないながら発掘によりしだいに姿を現してきている。今後の成果に期待したい。

2-2 家康が秀吉のために建てた!?府中御殿遺跡発掘で謎が明らかに

歴史上のスターといえる人たちがいる。その人物を主人公としていくつもの映画やテレビドラマが作られたり、小説が書かれたりした人物である。

そのビッグ3が、源義経、豊臣秀吉、坂本龍馬ではないだろうか。織田信長や西郷隆盛を挙げる人もいるかもしれない。

そのスター縁《ゆかり》の場所と知れば、歴史好きの人ならそこを訪れたくなるだろう。自分が立っている場所に、数百年前その人物が確実に立って活躍していたと考えると、歴史が身近に感じられ胸がときめく。アイドル好きにとって、そのアイドルが紹介したり来店したりした店に行きたくなることに似ているといったら叱られるだろうか。

多摩地域には、上記5名のスターが重要な役割を演じた地というのは存在しないと思っていたのだが、近年の発掘でそれが覆った。平成22（2010）年、JR武蔵野線・南武線府中本町駅改札口の東隣、府中崖線の真上の地で、江戸時代前期の三葉葵紋鬼瓦《みつばあおいもんおにがわら》が出土したことによる。三葉葵はいうまでもなく徳川家の家紋である。府中崖線が南方にややせり出した地のため、東から西まで三方向が望める絶景の場所だ。江戸時代後期に書かれた『武蔵名勝図会《むさしめいしょうずえ》』には、秀吉のために家康が府中御殿を建設したという話が出てくる。それまで当地は古くから「御殿地」と呼ばれ家康が建てた御殿があったと伝説のように語られていたのだが、この出土は徳川家との関係を決定付け、衝撃的な出来事となった。

この時期の秀吉と家康の関係を振り返っておこう。１５８５年7月（月は和暦による。以下同）、秀吉は関白に就任し、権勢の絶頂期を迎える。その際、石田三成ら五奉行《ごぶぎょう》を置く。その設置の目的の一つに、実力を蓄えてきた家康への対策があったとされる。翌86年秀吉サイドによる家康への懐柔《かいじゅう》、また家康への臣従要求などが行われるが、家康による拒否が続く。そして同年10月大坂城で諸侯を前にして家康は豊臣家への忠誠を誓うこととなる。１５９０年1月秀吉は家康に対し北条氏を討つため小田原城への出陣を命じる。同年7月秀吉の大軍勢に包囲され、北条氏の降伏、滅亡となり小田原城が開城する。

小田原城開城後、秀吉は京都に戻らずそのまま東北地方に向かった。いわゆる「奥州仕《おうしゅうし》置《おき》」（支配）である。府中はその途上に位置している。今回発掘された府中御殿は、秀吉の道中の疲れを癒やすために、その旅程にあわせて家康が建設したとの説が有力である。豊臣家と家康とのその後の歴史を考えると、家康の面従腹背《めんじゅうふくはい》的な一面がうかがえるようで

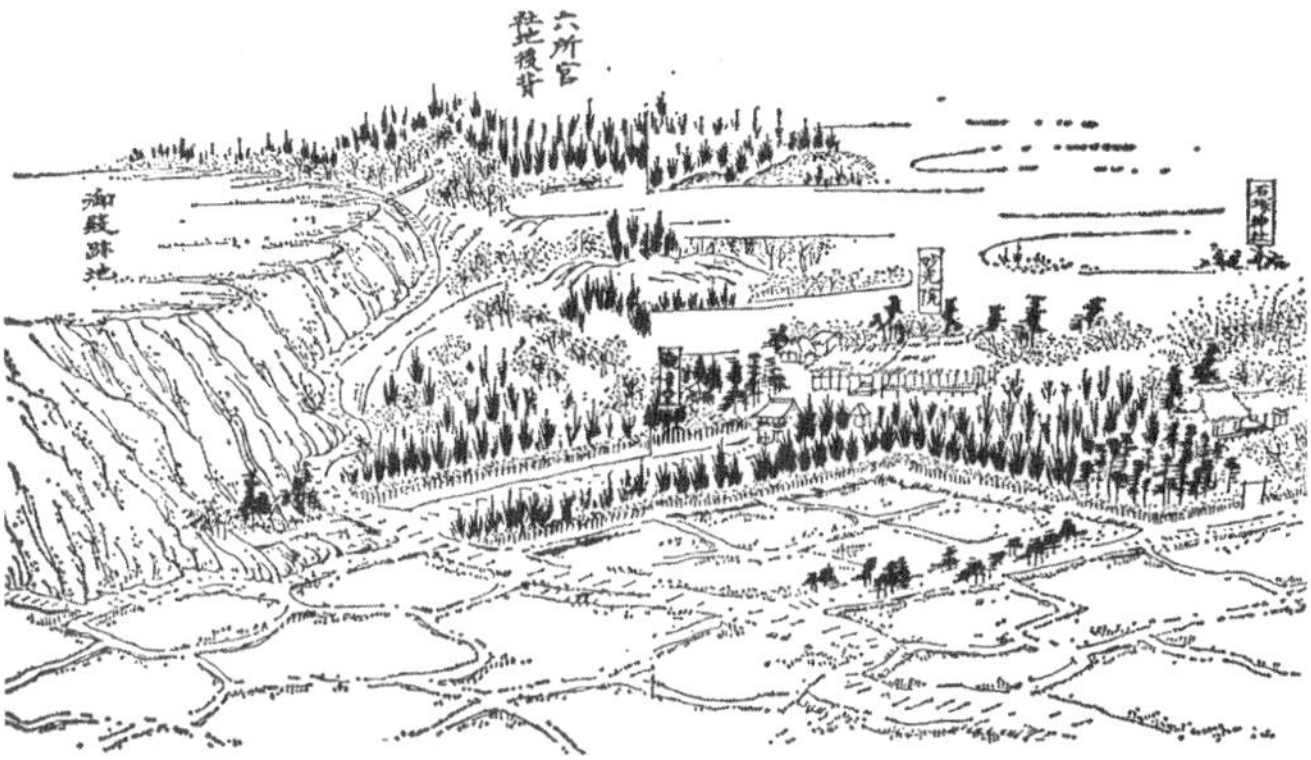

府中御殿跡地と六所宮（大国魂神社）、右下は現在東京競馬場。『武蔵名勝図会』

興味深い。

　この御殿を造ったのが、秀吉なのか家康なのか確証はないが、１５９０年７月に造営されているのは間違いないとされている。同年７月は家康が秀吉により関東に移封されて江戸に入った年でもある。江戸城の普請にもろくにとりかかっていない時期で、江戸を起点とした五街道も整備されていない。府中に造営したのは、東海道と奥州を結ぶ道の重要地点という意味のほか、古代に国司があった場所として当時も認識されていたためともいわれる。

　秀吉は奥州仕置の際、往路は江戸を経由し府中は経由しなかった。復路の行程はさだかではなく、府中に立ち寄ったという確証はない。府中御殿の利用が記録され確実なのは、翌91年1月、奥州が再び不穏な状態になり出陣を命じられた家康と羽柴秀次（秀吉の姉の長男）が府中で対面した時のことである。

家康は鷹狩りを好み、その際の拠点として各地に御殿を造営している。鷹狩りとは、訓練された鷹を使って鳥類やウサギなどを捕らえさせる狩猟である。狩猟を楽しむだけでなく、民情視察、地理視察、家臣や自らの鍛錬も意図していた。家康は鷹狩りの際、府中御殿を少なくとも2回利用したとの記録がある。

三葉葵紋鬼瓦が出土した平成20〜23年の御殿跡調査は、約1万2600平方メートルを対象とした広範囲なもので、掘立柱建物跡、掘立柱塀跡、井戸跡、段切状遺構、鍛冶《かじ》炉《ろ》跡などが確認された。掘立柱建物跡は御殿の中心的な建物としては貧弱で、中心的な建物はすでに削平されてしまったか、調査区域の外に存在したものとみられている。

またこの発掘時、同時に8世紀初頭前後に造営された古代国司の館（執務室兼居宅）の遺構も姿を現している。他国の国司の館では庭園が付随する例もあるので、府中の当地でも崖下に庭園を伴っていた可能性も指摘されている。実際崖下には湧水が豊富なので池泉式庭園にはうってつけの地形である。

地形好きの私には、同地の眺めのよさを、まず古代の権力者たちが気づき、その後うち捨てられたようになっていたものを、地形の目利きである家康がすかさず目をつけたように思えてしまう。家康やその家臣が地形の目利きだったことは、土地の高低を巧みに利用

武蔵国府跡国司館地区。同地は府中御殿跡でもある

した玉川上水を建設させたことが証左といえよう。

明治以降当地の歴史的価値は忘れられていた。御殿敷地内の南側の土地は削られ遺構は壊されている。昭和3年開業の南武鉄道（現JR南武線）府中本町駅、昭和48年開業の武蔵野線同駅の建設工事の際にも、遺構は気づかれないまま削られた。昭和戦前の地図での同地は桑畑、平成5年の地図では富士製粉工場が立地している。その後イトーヨーカ堂の駐車場になっていた。

イトーヨーカ堂が当地への店舗移転を決め駐車場を解体したところ、遺跡が次々に見つかり、移転を中止した経緯がある。現在は国史跡武蔵国府跡（国司館地区）史跡広場として整備され開放されている。

2-3 上杉謙信軍に備えて築城 武田信玄軍の猛攻に耐えた滝山城とは？

落城。文字通り合戦で城が攻め落とされることである。多摩地域でも城をめぐる合戦がいくつか行われているが、その最大のものは八王子城でのものだろう。1590年、たった一日で雌雄は決してしまったものの壮絶な戦いが起き、城は焼かれ攻め落とされた。攻めたのは豊臣秀吉配下の前田利家《としいえ》、上杉景勝《かげかつ》らの軍勢。守るのは城の主、北条氏照《うじてる》が不在中に詰めていた少数の北条勢である。

国内に数あるお城では、名古屋城のように一度も攻められたことのない（太平洋戦争時には空襲を受けた）城もあるが、白虎隊自刃《びゃっこたいじじん》のドラマが生まれた会津若松城（鶴ヶ城）のように攻防戦が行われた城、豊臣氏大坂城のように落城の歴史をもつ城も多い。とくに落城にいたった城は、その際に数々の悲劇が生まれた。そうした城を訪ねると、えもいえぬ歴史の風格のようなものを感じてしまうのは私だけだろうか。

八王子城は典型的な山城である。城跡は近年整備が行われたので、前項の府中御殿と同

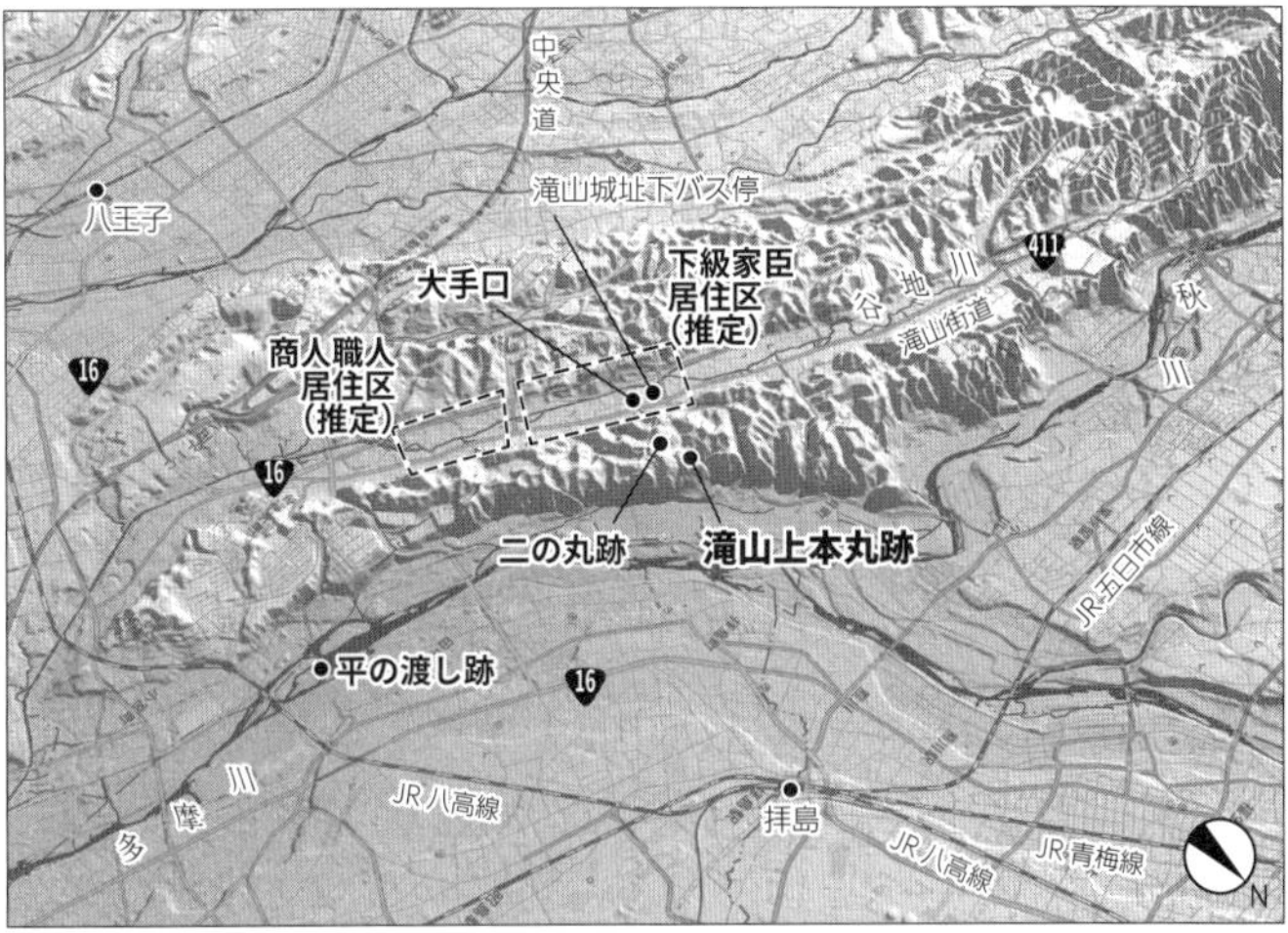

滝山城の立地

じように大規模の割に広く知られていないように思う。訪れることをおすすめするが、その前に滝山城へまず行っておくといい。滝山城も山城で、北条氏照が八王子城に移る前に居城としていた地である。それぞれ城郭内を本丸へと進んでいくと、戦国時代の情勢変化を、時の流れの順に実感できる。

滝山城は多摩川と秋川の合流点付近の丘陵に位置している。JR拝島駅の南西約2キロ、多摩川の河畔側から見ると標高差約60メートルの崖の上に築かれている。崖の反対側（城の南西側）が大手口（城の正面口）で、こちらは谷あいに延びる滝山街道に面している。東西約750メートルにわたって城郭の遺構が確認でき、縄張り（城郭の設計）の巧みさや遺構の保存のよさにより続日本100名城に選定されている。

築城の時代背景から見ておこう。武蔵国一帯は、戦国時代になると北条氏による支配となった。初代早雲《そううん》が小田原城を大森氏から奪取、伊豆・相模を平定し、3代北条氏康《うじやす》は関東管領《かんれい》上杉憲政《のりまさ》を関東地方から追い出した。1561年、上杉憲政の要請に応じた上杉謙信は関東に攻め入り、北条氏の本拠小田原まで進んできた。小田原城を落とすことはなかったが、その後も謙信は数度にわたって関東へ進攻している。

これに対抗していくのが3代氏康の三男、北条氏照である。1560年頃に氏照は滝山城へ本拠を構えた。滝山城から多摩川を3キロ下った所に「平《たい》の渡し」（現在JR八高線の多摩川鉄橋付近）がある。上杉勢が川越方面から小田原へと南下するには、この渡しを通る。そこを抑える必要から滝山城が構築されたと考えられている。

興味深いのは、滝山城から船で多摩川を下り東京湾に出て、海路で小田原城へと水運が利用されていたらしいことである。陸路を通らず舟運で滝山城と小田原城はつながっていたことになる。小田原城でも相模川水運によって上流の津久井、七沢から用材を城下まで運んでいた。戦国大名は水運もうまく活用していたようだ。

1568年、事態が一変する出来事が起きる。今川・武田・北条は同盟を結んでいたのだが、武田信玄が徳川家康と謀《はか》って今川氏の駿河に侵入した。北条氏は急遽上杉謙信に同

滝山城跡、中の丸付近

盟を求める。翌年、ついに武田信玄の軍勢が滝山城へと攻めてきた。滝山合戦と呼ばれ、江戸時代には軍記物として語られることが多かった。それによれば、滝山城は二の丸まで攻め込まれたことになっている。

滝山城を訪ねてみた。八王子駅からバスで約20分、滝山城址下バス停で下車、すぐ近くに城跡へと続く道がある。大手口だという細い道は両側が竹藪で鬱蒼としている。ここから城を攻め上る武田兵の気持ちになって歩を進めてみよう。本丸までの間、高低差約30メートルのなだらかな坂道を登っていく形になるのだが、とても不気味だ。堀底のような箇所を横に見ながら三の丸方面へと進むと、行く手は何度も鉤の手に曲がる。切り通しの中だったり右側か左側が高くなったりする中を進むので、至る所から矢が飛んできそうである。途中、山地には珍しく千畳敷跡という広場のような平地がある。戦時には兵器置き場や兵の集合場所など様々な使い方がされたと推定されている。

その先の二の丸は滝山城で最も特徴的な曲輪《くるわ》（城壁や堀、自然の崖や川などで仕切った城内の一区画）で、そこには3カ所の虎口《ここう》（出入口）があり、それぞれに馬出しという空間がある。そこからも多数の人馬が出撃してくる。攻め手がふくろのねずみへと追い込まれる行き止まりの曲輪もある。

ここまで歩を進めてきて実感するのは、攻め落とすのが相当困難な城だということである。鉄壁の守りともいうべき造りで、それができたのは周囲の地形をうまく利用したためである。城内は小さな尾根や谷が複雑に続いている。尾根の集まる地に二の丸が設けられていて、二の丸からは中の丸をはじめ各方面へ尾根が続いている。さらに進み中の丸までたどりつくと、その先は多摩川を望む断崖となる。本丸はその北側にある。

攻め手にとって城内のどこにいても危険にさらされている気がしたのは、まだ鉄砲が使われていず、弓矢、飛礫による接近戦を想定して城の設計がなされていることもある。至近距離から狙われそうなのである。種子島《たねがしま》への鉄砲伝来は1543年なのですでに国内に鉄砲は存在したが、武田軍は主力兵器として取り入れていない。武田軍が多数の鉄砲を使

滝山城跡中の丸からは多摩川、拝島駅方向を遠望できる

用した織田勢に敗北するのは、この滝山城攻めの6年後に行われた長篠の合戦である。
近年の研究によれば、やはり城の守りは固く、武田の軍勢が二の丸まで攻めのぼることはなかった。江戸時代の軍記物は話を面白くするために誇張が多い。
滝山城付近の滝山街道は現在まっすぐだが、昭和戦前（1940年）の陸地測量部1万分1地図を見ると、300～500メートルごとに5カ所ほど鉤の手に曲がっている。その一帯が下級家臣や商人・職人の住む城下町になっていた。
城下町は防御できず焼かれた。城下の防衛も考えれば滝山城の地形は不十分なことを、氏照は思い知らされた。それが八王子城を構築して移転する動機とされている。

2-4 八王子城その1

織田信長、徳川家康への備えの城とは？

滝山城攻めの4年後、武田信玄が死去する。跡を継いだ武田勝頼は織田信長、徳川家康との戦に目を向け、北条にとって武田の脅威は一応おさまっていた。1578年上杉謙信が亡くなって後継者争いが起きたこともあり、越後上杉からの脅威も減った。その意味で「平の渡し」を押さえるという滝山城の役目は薄れていった。

一方で新たな時代が動いていく。1582年3月、信長・家康の連合軍により武田勝頼は天目山《てんもくざん》（山梨県甲州市）に追われて自刃、武田氏は滅亡した。代わって信長・家康が甲斐に入ったのは、北条氏にとって新たな脅威の出現だった。滝山城主北条氏照は信長に鷹や馬を贈り、親和の意思を示すと共に、その少し前から新たに進めていた八王子城の工事に拍車をかける。山城としては滝山城よりはるかに規模が大きい城の構築である。

ところが同年6月、信長が本能寺の変で死去するという事態が勃発。この時点で信長の脅威はなくなった。その後北条氏と徳川氏は和睦《わぼく》し、領土問題は、甲斐《かい》・信濃《しなの》国を徳川領、

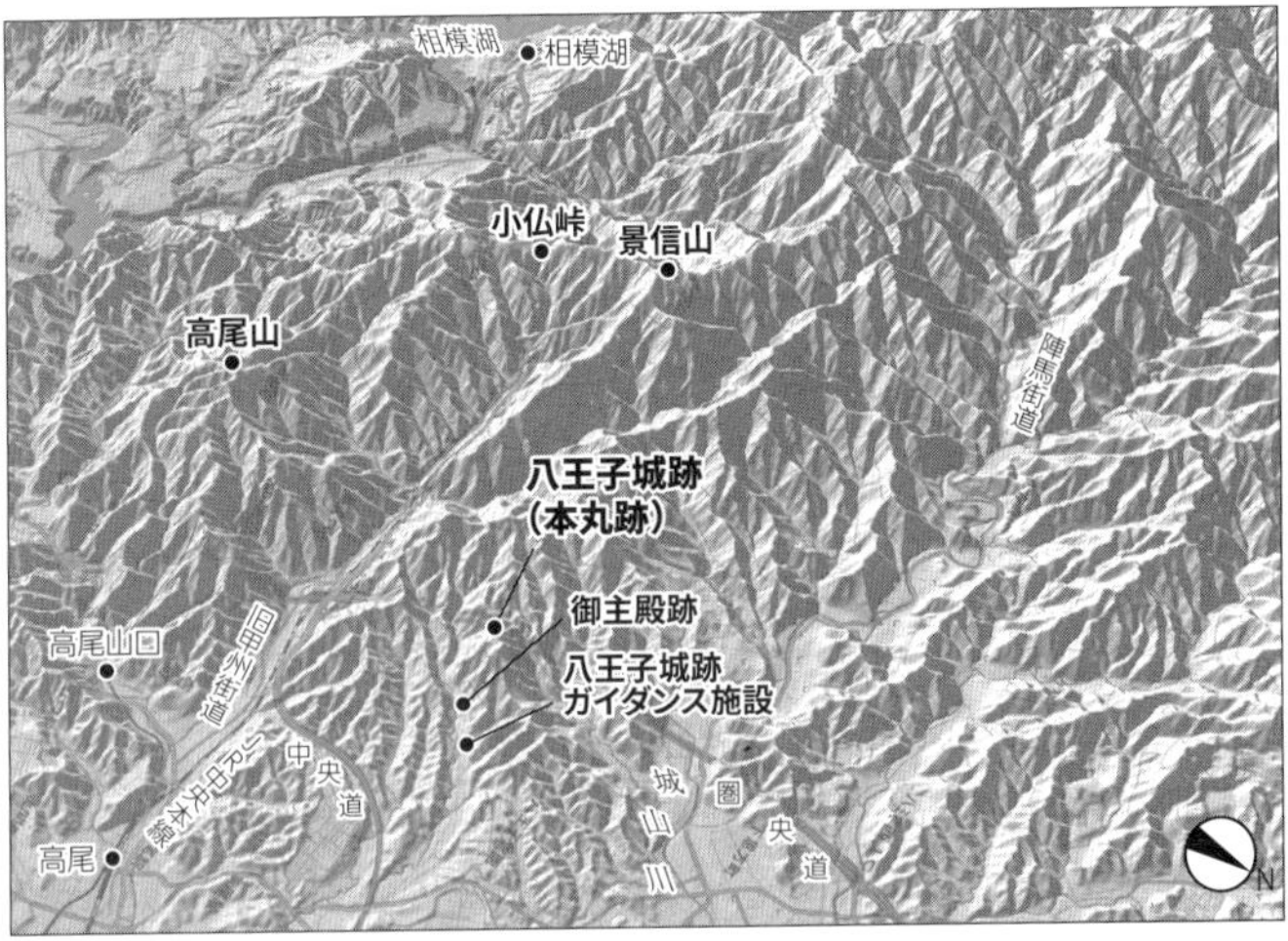

八王子城跡

上野国《こうずけのくに》を北条領とすることで合意した。北条は念願の甲斐の領有化の野望はかなわず、甲斐から攻められた時の拠点として、八王子城の役目が高まっていった。

1585年4代北条氏政は下野《しもつけ》に進攻し、この頃北条氏の勢力範囲は最大となった。群馬、栃木、茨城の各北部と房総半島南部を除いた関東地方一帯がその範囲で、石高《こくだか》では200万石を優に超えるものだった。

ここで北条氏の前に立ちはだかってくるのが豊臣秀吉である。信長の後継者としての地位を固め、天下人としての威光を高めていた時だった。

1589年、いわゆる名胡桃城《なぐるみじょう》事件が起きる。以前から北条氏と東信濃の真田氏との間で沼田領をめぐって争いが続いていた。

それを秀吉のはからいで真田氏に沼田城を放棄させ北条方に与えた。ところが北条方がこの時の平和協定にそむいて、真田方の名胡桃城（群馬県みなかみ町）を奪取する事件を起こした。天下人として裁定した秀吉にそむく行為であり、秀吉は激怒する。その結果秀吉と北条氏の全面戦争へとなっていく。

これより少し前、北条氏照は滝山城から八王子城へと移っている。秀吉や家康の軍勢が小田原城へと侵攻する際、関東地方にいくつかある北条氏の支城から順に攻め落とそうとしてくることが想定できる。とすると小田原とは反対方向の北からまたは北西側の甲斐方面から山を越えてくるだろう。そのため八王子城は北西方面への構えが多くなっている。

甲斐から八王子へは、上野原から和田峠を経由する道（現陣馬《じんば》街道。案下《あんげ》街道ともいう）、及びその南側に並行して小仏峠《こぼとけ》を経由する道（現甲州街道に近い）があった。八王子城はその二つの道に挟まれた山間部に造られているのも、甲斐からの敵を意識したためと思われる。

1588年、氏照は周辺の寺々に鐘の供出を命じている。鋳つぶして銃弾にするためである。鐘を寺からお借りする形で戦後は返すとも述べている。鉄砲の使用を前提にしているので、城の設計も当然それを想定している。弓矢による接近戦から鉄砲による中距離戦へと変わった。八王子城に石積みが多いのは、鉄砲戦に備えたためである。

2-5 八王子城その2 山麓には城主の館 ヴェネチア製ガラス器も出土したのはなぜ？

八王子城は優れた縄張りなどから、日本100名城に選定され、日本5大山岳城（上杉謙信の春日山城ほか）にも数えられている。その構造を見ていこう。本丸などは標高446メートルの深澤山山頂付近にある。尾根や谷など複雑な地形を巧みに利用しているのは滝山城と同じだが、城下と本丸との間の比高（標高差）は八王子城の方がはるかに大きい。本丸へと攻める場合、山道を200メートルも攻め上らなければならない。その間には守備隊が待ち伏せする曲輪が次々に現れる。

下から順に主な備えを挙げていくと、まず山の中腹に金子曲輪がある。尾根をひな壇状に造成していて、敵を頭上から鉄砲攻撃することを意図している。さらに山道を上った先には、本丸を挟む形で、小宮曲輪と松木曲輪などが階段状に配置されている。ここまで敵に上ってこられても、ここで鉄壁の守りを展開させる。この両曲輪は各方面からの尾根が収斂《しゅうれん》する場所に造られていて、守る側は移動しやすい。頂上の本丸の地は狭く、天守閣は

八王子城跡ガイダンス施設。背後の山が八王子城

なかった。

本丸から約200メートル下の山裾には、盛り土をして御主殿と呼ばれた北条氏照の居館が造られている。東西100メートル、南北50メートルの広さで、平成4〜5年に実施した発掘調査では、主殿と会所という大型建物の礎石、庭園遺構などが姿を現した。主殿は9間《けん》×15間（1間は約1・8メートル）の大建築で、城主を中心とした政治執務が行われた場だと考えられる。会所は6間×11間の建物で、池のある庭園を眺めながらの宴や遊芸の場だったようだ。

御主殿跡からは破片の数の総計では、約7万点もの遺物が出土した。中国から輸入された色絵磁器や国産の陶器、土器などが多い。とりわけ目を引いたのが、当時ヨー

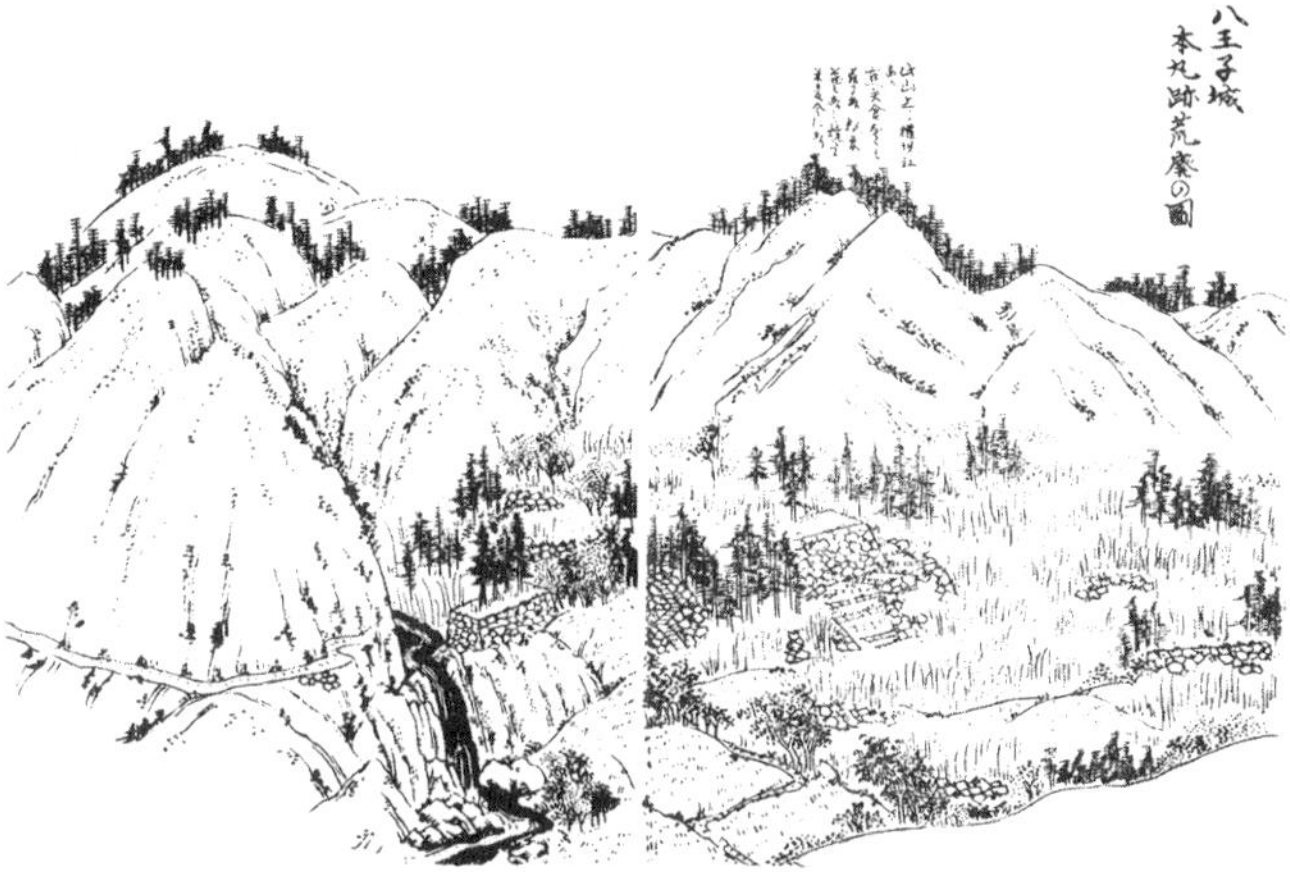

八王子城跡。山上に本丸、山麓の石垣がある所に御主殿があった。『武蔵名勝図会』

ロッパ王侯貴族たちに好まれ高価なものだったヴェネチア（現イタリア）製のレースガラス器である。中国製青磁や金箔を貼ったかわらけのほか、遊芸に関わるものとして茶道具類の出土も多い。また落城時に建物が炎上したので、陶磁器やガラス器などは焼けただれたり変色したりしたものもあり、史実を生々しく伝えている。

戦国の世でも、軍事的機能ばかりでなく、海外の品にも敏感で様々な遊芸を楽しんでいた氏照の姿が浮かび上がる。

氏照は、滝山城、八王子城といった名城を造ったほか、諸勢力との折衝に力を発揮し、一族の中でも発言力があり重きを置かれていた。御主殿跡の発掘結果は、こうした地位を裏付ける結果でもあった。

2-6 八王子城その3　北条氏照の謎
鉄壁の山城をなぜ放棄したのか？

1590年3月、豊臣秀吉は小田原城攻めのため京都を出発する。それに先立ち、徳川家康を東海道経由で先遣隊として送っている。さらに前田利家、上杉景勝、真田昌幸ら北国勢を北関東から小田原へと侵攻させた。四国・中国方面からの水軍も小田原城下の相模湾へと送りこんだ。総勢15万の大勢力で小田原城を完全に囲みこむ戦法である。

小田原城では全長9キロもの総構《そうがまえ》を築いて秀吉勢に抗戦の備えを取った。兵力は3万4000である。

そうした情勢下、八王子城主の氏照は、精鋭を引き連れ小田原城に入る。本家の存亡に関わる一大事として、ご一家衆の筆頭的立場の氏照は、本拠小田原城を守る方に回ったのである。この時小田原の北条勢は籠城作戦をとる。

八王子城は城主不在となり、城内の兵は老将に率いられた農民、職人、山伏などを中心とする兵士だけとなった。そこへ同年6月23日、小田原城へと侵攻する途上の前田利家、上杉景勝を中心とした北国勢が攻めてきた。

八王子城の合戦がどのように行われたかの正確な資料はない。ただし『太閤記』ほか様々な軍記物で八王子合戦の様子が書かれている。それらは脚色が多く入り込んでいるが、語り口はリアリティ豊かだ。それらをもとにすると概略以下のとおりである。

攻城軍は1万5000の大軍で攻撃を開始した。城下の町に火をかけて焼き、山裾の御主殿、会所にも火を放った。壮麗な建物は業火に包まれる。出土した遺物が示すとおりである。

攻め手は本丸のある山上へと向かう。すると曲輪から弓や石の攻撃を受け、先陣の数百騎が一気に討たれた。だが多勢を利して次々と兵を繰り出し奥へと進む。ここで城内に裏切りが出て城内から出火する。これによって城方は一気に崩れていく。山麓で自害するもの、大軍へと打って出て討ち死にするものなど、落城の光景が繰り広げられ、八王子城はたった一日で落ちてしまった。

御主殿でも悲劇が起きていた。すぐ近くを城山川が流れ、そこに御主殿の滝がある。落城にあたり、武将家族の婦女子、女官も次々と自刃し滝に身を投じた。城山川の水は三日三晩赤く染まったという。

八王子城を訪ね、高い城山を見上げ、地形を活用した巧みな縄張りを目の前にすると、何とも解さない気持ちが湧いてくる。城主氏照はなぜこれだけ緻密に設計された城を事実上捨てて、小田原城へ入ってしまったのかという点である。

たしかに八王子城は支城であり、当然本家の小田原城のほうが重要である。小田原城方としては少しでも多くの軍勢が欲しいだろう。だが八王子城を放棄するのが良策だったのか。秀吉勢は、小田原城の海岸近くまで船を寄せて、八王子城で生け捕りにした武将の夫人や子どもを小田原方に見せつけたという。軍記物で語られている点なので事実がどうかは別にしても、落城の報により小田原城内の士気は消失していく。

小田原の北条勢は約3ヶ月の籠城の後、5代北条氏直が降伏を決断。7月5日小田原城はほとんど無血で開城となる。好戦的だった4代氏政と氏照は切腹、氏直は高野山への追放が命じられた。これによって5代100年にわたる北条氏の関東支配は終焉となった。

氏照にとって、八王子城は棄てた形となり、小田原では戦うこともなく、無念極まりない結果となっている。真相は分からないが史家によりいくつかの推測がなされている。

一つは氏照が小田原城へ入った頃から病気になったという説。小田原籠城作戦は愚策であり、北条と徳川の領地の境界を突破して軍を西進する策なども考えられた。氏照は一族の中でも当主に代わりうる地位と実力をもち、それまでも情勢判断が的確だった。発言力がある氏照がいたにも関わらず籠城となったのは、彼が病気になったに違いないというも

八王子城御主殿跡。池の跡などに趣向豊かな暮らしの一端が垣間見られる

のである。氏照は滝山城時代、病を得て静養したという記録もある。

　もう一つは「この時期、氏照が兄氏政の最高の相談相手として小田原城に入城してまもなく、彼は軟禁されてしまった」という大胆な推測（伊禮正雄『北条氏照とは誰か』）である。

「これまでの政治外交上の実績からいっても、支配地の大きさからいっても、後北条氏一族内の席次からいっても、彼を凌駕するものはいない。人物から見ても、おっとりとした好人物兄氏政、穏やかに見えて意外に芯のある次弟氏邦、秀才型の氏規、これら兄弟のなかで、氏照が最も偉大な父氏康に近い。彼は、数年前から、滝山という名城をもちながら、別に八王子に築城しつつあり、その規模は小田原本城をも凌ごうとする大きさである。もしも彼が自立の志でも抱いたら、上方（秀吉勢）と単独の取引でもしたら…疑えば何でも疑えるのである」（同）。氏照が剛胆かつ才知に長けていたため、才能の劣る一族との間がぎくしゃくし、結果軟禁されたというものである。

1990年の落城400年という節目にあたり、御主殿地区の石垣や虎口などの通路、御主殿に続く古道が整備された。御主殿部分も礎石が並び、規模の大きさを実感できる。御主殿跡の手前には「八王子城跡ガイダンス施設」（入館料無料）もある。同施設を見学し、また地形や遺構に接すると、どうしてもあれこれ推測したくなる。

つい先日八王子城跡を再訪した。その帰り道、御主殿跡から坂道を下ると御主殿の滝のすぐ上に出た。川が血に染まったという場所である。下流へと進むと、十数人が三脚を立てて山中のせせらぎに向けて望遠レンズを構えている。何事かと思うと、「三光鳥《サンコウチョウ》が水を飲みに来るのを待ち構えているんです」。

三光鳥は鳴き声が「月日星（ツキヒーホシ）ホイホイホイ」と聞こえる美しい鳥である。新緑が終わったばかりの6月の山中は、それらの鳴き声に包まれている。悲劇の歴史ドラマをあれこれ想像し、平和も実感したひとときだった。

第三章

武蔵野台地の「道」と地形編

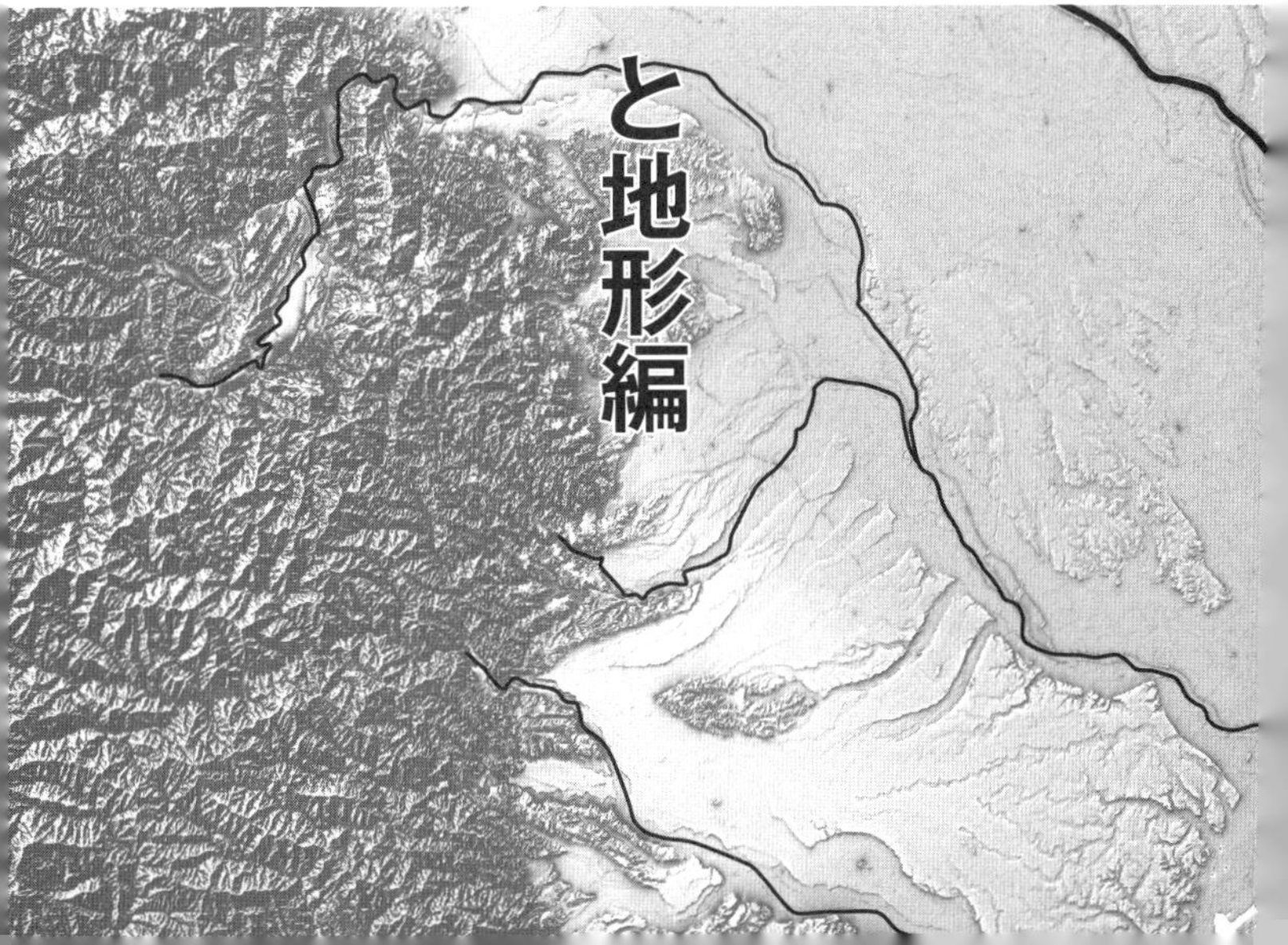

3-1

古代道路ミステリーその1
湿地や丘があっても一直線に造られた謎

平成7（1995）年、国鉄の中央鉄道学園跡地として再開発計画中だった国分寺市泉町2丁目（現都立多摩中央図書館付近）で、幅12メートルの古代道路跡がほぼ完全な形で発掘された。すぐ北側をJR中央線電車（国分寺―西国分寺間）が走っている場所である。発掘道路には長さ340メートルにわたって人馬の往来により硬くなった路面があり、その両側には、深さ40～80センチ程度の側溝が続いていた。これだけ連続した規模の古代道路の発掘は、全国でも例がなかった。府中から群馬までほぼ一直線に延び、幅12メートルもあったという古代道路、東山道《とうさんどう》武蔵路《むさしみち》の跡だということが明らかになった。

じつは昭和50年代から国分寺市や府中市において、南北に一直線に12メートル離れて並ぶ溝の存在は注目されはじめていた。しかしこの段階では、それが道路の側溝だと断定できなかった。それ以前、東山道など古代道路そのものの存在は知られていたが、いつ、誰により、何の目的で、どういう構造で作ったかは文献がなく、謎に包まれたままだった。

東山道武蔵路跡。340メートルもの長さを発掘中（右）。幅12メートルあり両側に側溝があるのが分かる。同地を埋め戻して歩道として整備後の姿（左）。側溝部分にはそれを示すペイントがなされている（写真提供・武蔵国分寺跡資料館）

江戸時代の五街道などに比べて古代の道路などは、人馬がすれ違えれば十分な幅の、踏み分け道を整備した程度のものと思われていたのである。

その後、全国で発掘が進み、古代の幹線道路は想像以上に立派だったことが分かってきた。今から1300年ほど前には、総延長約6300キロという全国的な幹線道路網が造られていたと推定されている。注目すべきはその道幅で、狭いものでも6メートル、広いところでは30メートルを超えている。さらに驚くのは、地形を無視してとことん直線にこだわって建設していることである。目の前に湿地が現れればそこを埋め、丘があれば切り崩してつき進んでいる例がいたる所で見られる。

前述の泉町2丁目のすぐ北側、中央線の線路を横断した先でも遺構が見つかった。現在、姿見の池として整備されている恋ヶ窪の谷部分で、そこを道路は通っている。当時も湿地や池で、ただそこに盛り土をしても、ずぶずぶと沈下してしまうだけであり、古代の道路建設にとって最もやっかいな土地だったはずである。ここでは、軟弱な地盤の上に葦などの植物の茎を並べ、その上に直径10～20センチの石を敷き詰め、水をある程度遮断してその上に突き固めた赤土層と黒土層を何層か重ねていた。途中一部そうした地盤が途切れるので、橋の存在も推測されている。

この恋ヶ窪の地点など、ちょうど野川の最源流部にあたるため、西側に500メートル

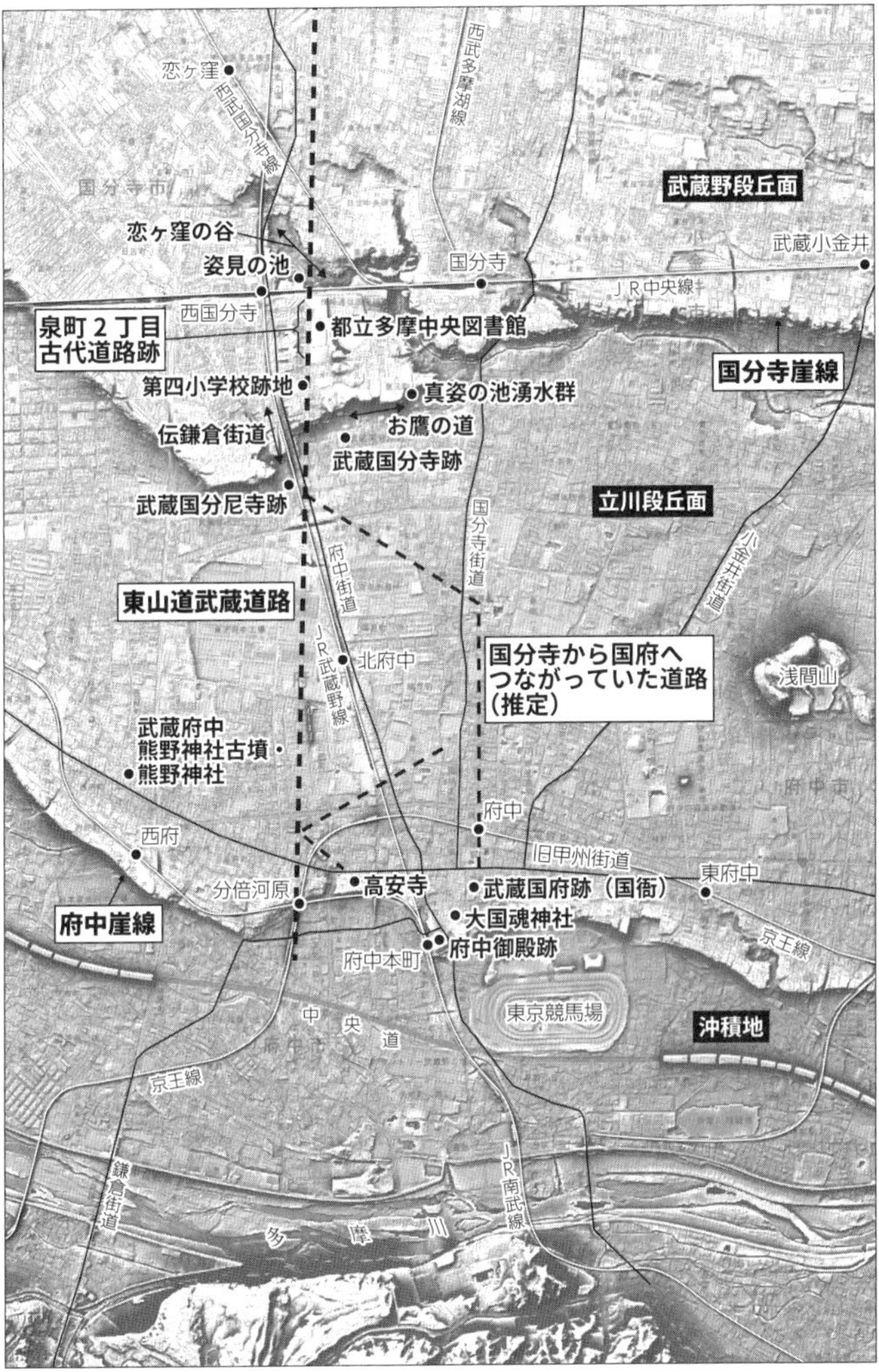

府中〜国分寺付近の古代道路

ほど迂回させれば谷はなくなり、こんなに苦労して道路を造らなくてすむ。ところが、東山道は、ひたすらまっすぐにこだわり、こうした工事を成し遂げている。

道路が一直線に作られているならば、出土部分からその延長線上を発掘していけば、道路の遺構が見つかるはずである。人家など私有地がほとんどなのでむやみに発掘調査することはできないが、建て替えの際などに調査が行われてきた。南側100メートルほどの延長線上にある国分寺市立第四小学校跡地を調べると、当然のように幅12メートルの道路跡が発掘された。

さらに南の延長線上では、そのすぐ南で国分寺（僧寺）と国分尼寺《こくぶんにじ》の境界付近を東山道が南北に貫いている。これは東山道を中心にして、この二寺の立地点が決められたことを示している。聖武《しょうむ》天皇が全国に国分寺・国分尼寺建立の詔《みことのり》を出したのが、奈良時代の741年であり、東山道の建設はそれより古い。

武蔵国の国府（府中市）でも、古代の官庁街だった国衙の西側で東山道が発掘されている。また、北側の延長線上でも見つかっていて、その直線区間は少なくとも7キロ以上続くことが分かっている。とくに西武池袋線所沢—西所沢の中間付近に広がる東《あずま》の上《うえ》遺跡では、平成元年、両側に側溝をともなう幅12メートルの東山道跡が、市立南陵中学の校庭を中心に約100メートルにわたって確認された。

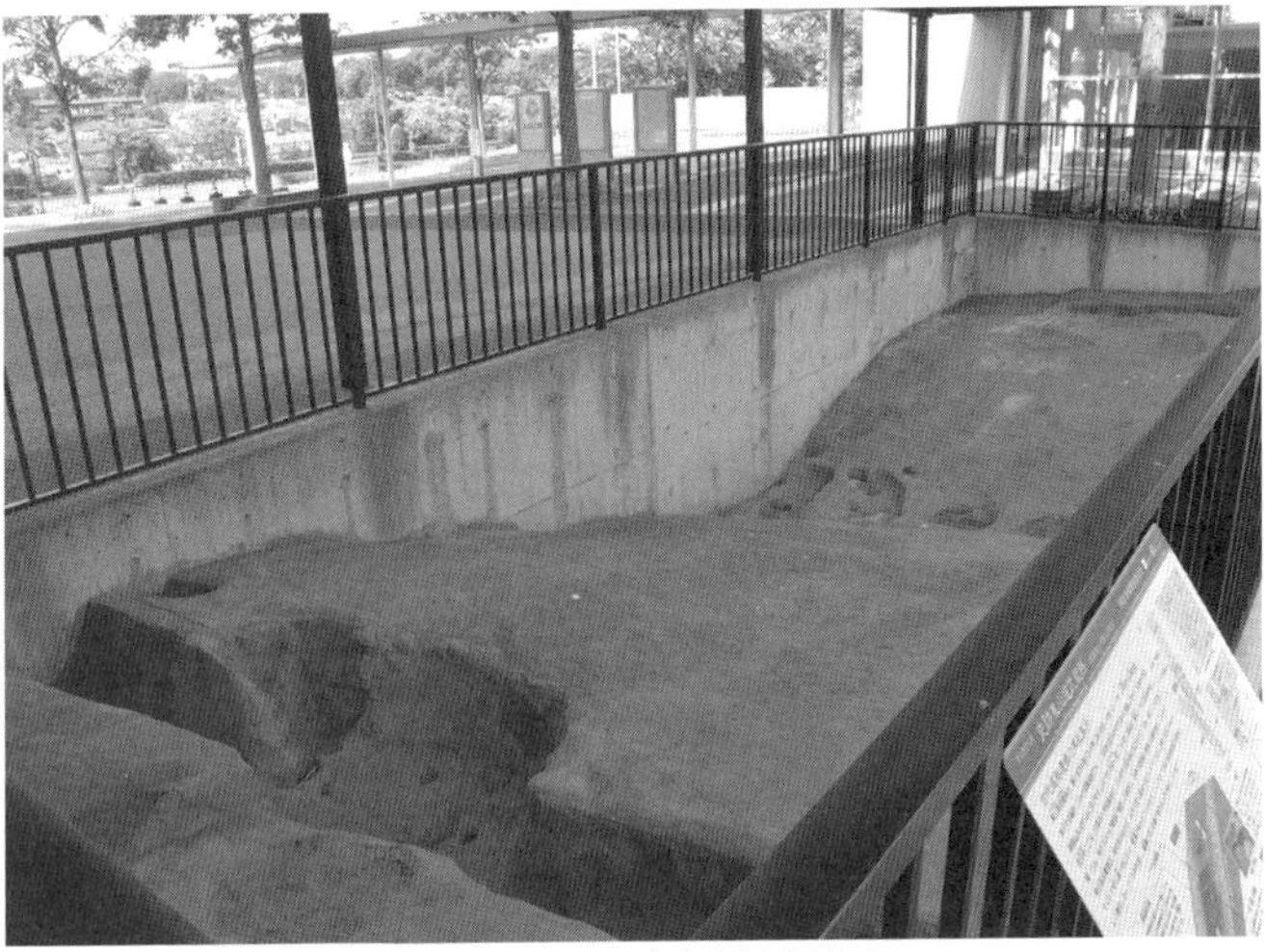

東山道武蔵路の遺構展示。泉町２丁目、中央線線路近く

なぜこれほど大規模な道路を建設したのだろうか。大和朝廷が強大な国家の象徴として取り組んだのが、「国」による行政システムと共に、都から各地への幹線道路建設だった。道路は役人の往来、地方で反乱が起きれば軍隊の移動、地方から都への年貢の運搬などに必要なものだった。

古代の日本は全国を五畿《ごき》七道《しちどう》の行政単位に分けていた。都（奈良）とその周辺を畿内と呼び大和《やまと》、山城《やましろ》など五つの国に分け、それ以外の国を東海道、東山道、北陸道、山陽道、山陰道、南海道、西海道の七つに区分した。そして都とそれぞれの地域を結ぶ七つの道路（駅路と呼ぶ）を整備した。

武蔵国は東山道に属していた。東山道の駅路は奈良から近江《おうみ》（滋賀）―美濃《みの》（岐

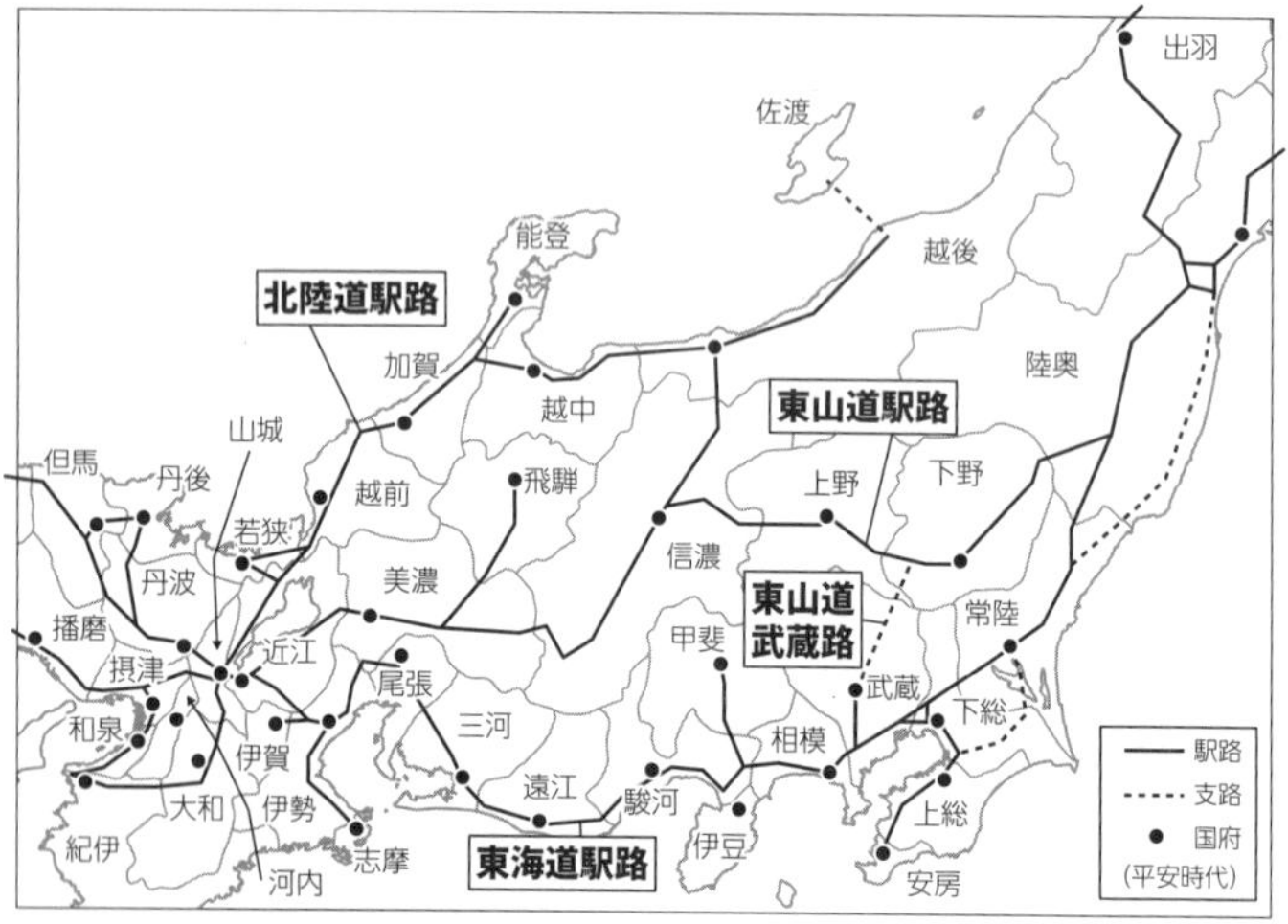

古代道路（駅路）

阜）―信濃（長野）―上野（群馬）―下野（栃木）―陸奥《むつ》（福島など）へと延び、武蔵国へは現在の群馬県太田市で分岐して南下し、武蔵国国府（現府中市）へと続いていた。太田市から府中へは約70キロメートルあり、この区間が東山道武蔵路である。経路は途中何カ所かで屈折はあるもののほぼ直線で延びている。この武蔵路は、都内周辺では所沢市（埼玉県）、東村山市、小平市、国分寺市、府中市を通っている。

なぜ一直線なのかは謎に包まれている。「条里制という土地区画制度の基準線との関係」などが指摘されている（『古代道路の謎』近江俊秀）。平成22年、この国分寺市内泉町の東山道武蔵路跡が、古代道路としては全国で初めて国の史跡に指定された。

3-2 古代道路ミステリーその2
途中必要だったのは、清水の存在？

古代道路が一直線に固執する謎を解くヒントとして、少し趣向を変えて民俗学の泰斗《たいと》、柳田國男の『武蔵野の昔』（大正8年）の記述に触れてみたい。柳田は同書で、

「古い処《ところ》では相模甲斐上野等の国府と、武蔵野の府中とを繋いだ官道が必ず何処《どこ》かに在ったに相違ない」

と述べる。彼はその後の発掘成果を言い当てている。

「其路筋《そのみちすじ》を明らかにするには、古今地形の変遷を考察すると共に、更《さら》に昔の心持に為《な》って旅人の習慣を想像して見ねばならぬ」

と述べ、考古学ではなく得意の民俗学の立場から話を進める。そして、

「古代の田舎人が山坂を苦にする者でなかったこと、及び路傍の清水は、今の掛け茶屋と同様に必要であった」

ことを考慮に入れる必要があると説く。

山道での登り下りが苦でなければ、山や丘を迂回する必要もないが、建設及び維持は大変である。完全な解答にいたらないが、重要なヒントは路傍の清水ではないだろうか。沿道に井戸が普及していなかったと思われるので、清水の存在は貴重だろう。清らかな水は、平地より山の中にある場合が多い。

8世紀後半になると、全国の駅路は道幅が縮小してくる。一直線のルートをやめ、コースの付け替えが行われた所もある。国分寺市泉町の発掘では、道路跡には四つの時期の変遷が見られた。第一期は幅12メートルだが、第二期では側溝が次第に土砂で埋没したようで、そこを補修して埋めている。第三期では幅9メートルに縮小している。第四期では、それまでのルートから東へそれるようにカーブを描いている。

771年に武蔵国は、東山道から東海道へと移し替えられ、府中と都とを結ぶのは、東海道となった。そのため東山道武蔵路は、駅路としての役割を失うが、相変わらず武蔵国と上野国との間を結ぶ重要道路として利用されていた。道中で病や飢えに苦しむ人が多いため、833年には、多摩、入間の境に悲田処《ひでんしょ》が置かれている。東山道武蔵路（第四期）は、10世紀中ごろまで使用されていたと推定されている。その頃には全国的に駅路はさらに幅が狭くなり、直進性も失って他の地方道路と同じ規模のものになってしまう。

駅路が狭くなったのは、中央集権国家の機能が弱まり、地方勢力が台頭してくる時期と

第四小学校跡地。時代が異なる側溝が４本描かれ、道幅が体感できる

ほぼ一致する。中央政府に力があった時は、その威光により管理もなされていたが、中央の影響力が弱まるとそれができなくなったようだ。

現在、国分寺市の泉町や第四小学校跡地の発掘現場は、道路跡に砂をかぶせその上を舗装する形で保存されている。側溝の跡が舗装下に埋まっている部分は、路面に側溝が描かれている。第四小学校跡地では、第一期と第三期それぞれの側溝が描かれ、道幅が異なることを示している。

第四小学校跡地など、発掘された古代道路の先は一般民家が建っている。民家に一夜泊めてもらったら、深夜など、古代人が行き交う草履《ぞうり》の足音や馬のひづめの幻聴を経験しそうな気がする。

3-3 鎌倉街道その1「いざ鎌倉」への道
鎌倉幕府による街道整備

武士社会の鎌倉時代になると、道路も軍事的性格を帯びてくる。源頼朝は鎌倉幕府を開いた直後、鎌倉を経由して西の京都方面へ延びる東海道の整備を進める。これとほぼ同時に、平安期に武蔵武士たちが南関東を往来する際に利用していた道や、さらに北方への道を整備した。これらが「鎌倉街道」である。

各地から鎌倉へと延びるこれらの道は「上道《かみつみち》（路）」、「中道《なかつみち》」、「下道《しもつみち》」の三ルートが形成されていた。

「上道」は「武蔵路」とも称され、上野国（現群馬県）、信濃国（現長野県）方面から武蔵国を縦断して鎌倉へと至るものだった。久米川《くめがわ》付近から府中を経て鎌倉までは、古代の東山道武蔵路に近いコースをとっている（古代道路を改修再利用したものではなく、別な場所に造られている場合が多いようだ）。「中道」は陸奥から宇都宮、小山《おやま》を経て武蔵国の王子、渋谷へと向かい丸子で多摩川を渡って鎌倉への道。「下道」は水戸方面から土浦、

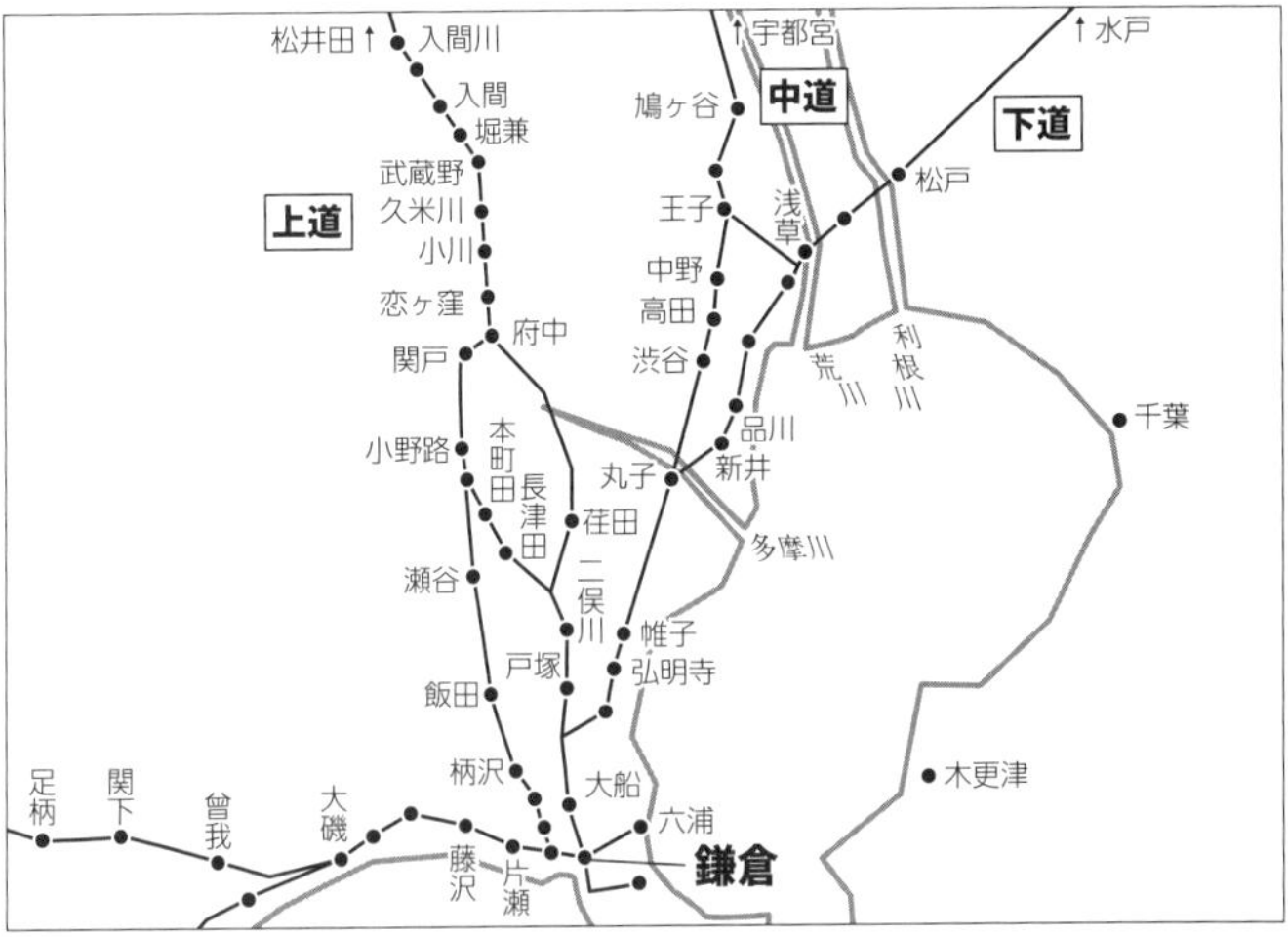

鎌倉街道（『東京の歴史1通史編1』を参考に一部手を加えて作成）

松戸、浅草を経て湾岸を進む道だった。

源頼朝は、家来にした武士たちを御家人として、それまで彼らがもっていた領地を認め、働きによって恩賞を与えると共に、鎌倉幕府への忠誠を誓わせた。「いざ鎌倉」の言葉で知られるとおり、一旦鎌倉に火急の事態が発生すれば、武士たちはすぐにこれら鎌倉街道を通って鎌倉に参上する。そうした道としての性格ももっていた。

なお現在、「鎌倉街道」と名付けられた道路（都道18号線など）が府中市、多摩市、町田市を南北に通じている。これはかつての「上道」と数百メートルずれている区間が多いものの、近くに並行して延びている。鎌倉時代の道路と関係はないが、ルートが近いためそう名付けられたものである。

3-4

鎌倉街道その2　新田義貞の鎌倉攻め なぜ武蔵野台地で合戦が？

鎌倉街道が歴史上最もドラマチックな舞台となったのは、鎌倉時代末期、新田義貞《にったよしさだ》率いる軍勢が上野国から鎌倉めざして「上道」を攻め上ってきた時である。

1333年5月8日、義貞は後醍醐《ごだいご》天皇から倒幕の綸旨《りんじ》を得て生品《いくしな》神社（現群馬県太田市）で挙兵、途中上野の国府（現前橋市）に立ち寄り守護所を占領、国内の武士に参集を呼びかけた。蔵を打ち破って米や銭を諸勢に分け与えたともいわれる。だとすると今後の戦に対して、ここで恩賞の資金を得たことになる。

その後すぐに鎌倉街道（上道）を南下する。このあたりの行動はとても素早い。翌9日武蔵国に入ると、鎌倉幕府に不満をもつ者、勝ち馬に乗って恩賞にあずかろうとする者などが次々に加わり、総勢20万余まで膨れた（以下軍勢の人数は『太平記』など軍記物によるもので誇張も含まれている）。これに対し幕府軍6万余が10日、鎌倉街道を北上して入間川《いるまがわ》（現埼玉県狭山市）に向かった。

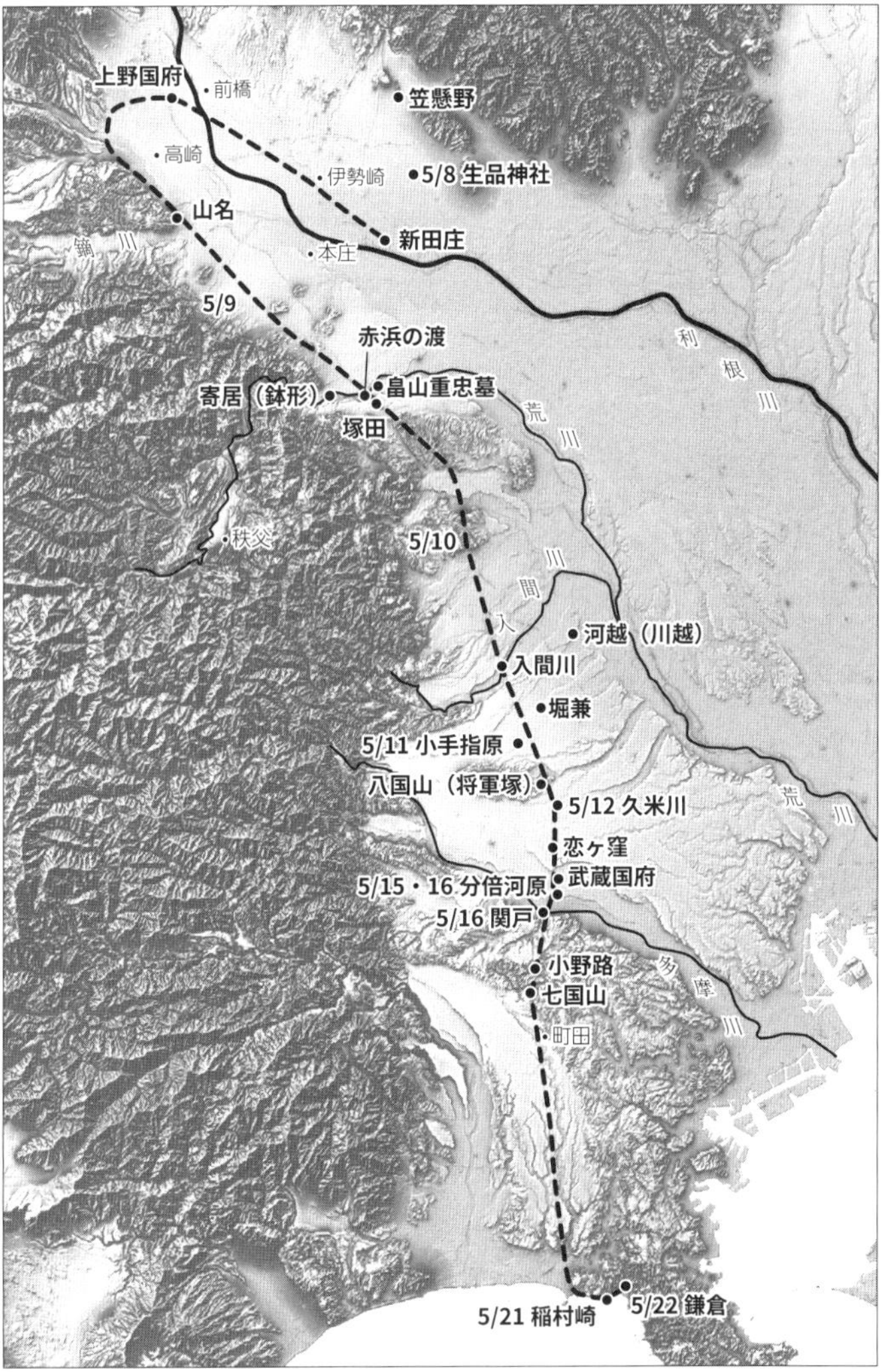

新田義貞進撃ルート（『武蔵府中と鎌倉街道』を参考に作成）

11日朝、新田勢（以下倒幕軍）は入間川《いるまがわ》をわたって小手指原《こてさし》（現埼玉県所沢市北野）へと南進し、そこで幕府軍と最初の合戦を行う。激戦となったが勝敗は決せず、日が暮れて倒幕軍は入間川に退き、幕府軍も久米川（現東村山市諏訪町）まで兵を引いた。翌早朝、倒幕軍は久米川に押し寄せ、幕府軍を打ち破る。幕府軍は武蔵野台地南端、多摩川河畔の分倍河原《ぶばいがわら》まで退却した。いずれも鎌倉街道とその一帯を行きつ戻りつする行軍である。ここで幕府軍に執権北条高時の弟である泰家の軍勢10万余が加わる。分倍河原で倒幕軍を待ち受けた。

いよいよ分倍河原の決戦となるのだが、その先を語る前に、両軍がぶつかった周辺の地形にふれておきたい。

鎌倉街道は、武蔵野台地を南北に縦断している。台地の北端が入間川の河原、南端が多摩川の流れる低地である。街道を遮るようにあるこうした川は、幕府軍の鎌倉防衛ラインとなる。この時の戦では、当初入間川を防衛ラインと想定したがそこはいち早く倒幕軍が越えてしまい、第二の防衛ラインである多摩川に満を持して陣取った。

この時に限らず、鎌倉時代から戦国時代にかけて鎌倉街道上道でいくたびかの合戦が行われるが、その多くが多摩川（分倍河原、関戸）や入間川（入間河原）など川沿いの低地で行われている。

武蔵野台地内の鎌倉街道はどんな所だったろうか。入間川宿から鎌倉街道を南進し武蔵野台地へ分け入ると、府中宿にたどりつくまでの約25キロ、ほとんどは雑木林やスキ、荻の生い茂る平坦な野原を進むことになる。途中久米川などの小さな川があるものの、それ以外清水も湧かず井戸もごく少なく水を得ることができない。旅人が最も難渋すると評判の区間だった。台地内には恋ヶ窪、久米川などの小さな宿があるが、これらの付近には小川が流れているため宿が立地したのだろう。

鎌倉街道沿いの武蔵野台地内は木や草が生い茂っているので、何万もの軍勢が戦いを繰り広げられる場所は限られている。宿営地では兵にも馬にも水が必要で、それに適した場所も少ない。その限られた地の一つが久米川と小手指原であり、倒幕軍と幕府軍が一戦交えた後、それぞれ入間川と久米川に兵を引いたのは、水の便がよく開けた地を求めたためと思われる。

決戦場となる分倍河原は多摩川の左岸（北岸）に位置している。当時の多摩川は蛇行が激しく、河道は現在よりも北寄りだったと推定されている。現在分倍河原古戦場碑の立つ一帯（府中市分梅町）は河川敷だった。この地だったら川の水のほか府中崖線からの湧水も豊富で、数万の軍勢が布陣できる空間の広がりもある。合戦の際も正面どうしのぶつかり合いのほか、敵陣の横腹を突いたり、大きく回り込んで渡河し敵を背後から突いたりする作戦も取れる。

新田義貞率いる倒幕軍は、5月15日未明、分倍河原へと南進した。木々に覆われ視界のきかない武蔵野台地を抜けると、多摩川の流れる広い低地が眼前に開けた。暴れ川と呼ばれるだけあり治水が難しいらしく水田はわずかで、多くは荒れ地のまま放置されている。

倒幕軍が攻め込むと幕府軍は河原で待ち伏せしていて、背の高い葦の陰から3000本の矢がいっせいに唸りを上げて襲ってきた。三方を押し包まれる形になり、ここでは完全に倒幕軍の敗北だった。新田勢は死地を脱するのにやっとで、追っ手の目をくらますために武蔵国分寺に火を放った。奈良時代に聖武天皇の詔によって建造し、この時の堂宇は遅くとも平安末期に再建されたものだったが、その大伽藍《だいがらん》は焼け跡と化してしまった。

倒幕軍は久米川の北岸まで退却し、負傷者は堀兼《ほりがね》（狭山市堀兼）まで後退させた。ここには武蔵野台地内には珍しく清澄な水を得られる井戸（堀兼神社境内）がある。負傷者の傷を清涼な水で洗いながら手当ができる。何度か述べてきたように武蔵野台地の地下水は水位が低く深く掘らなければ水を得られない。そのため井戸の数はとても少ないのだが、大きなすり鉢状のくぼみを掘り、そこから掘り抜いた形式の井戸がここに造られていた。名前のとおり掘るのに難しい（掘りかねる）井戸である。

その日の戦に敗れた倒幕軍のもとへ、相模（三浦半島）の武士三浦義勝が6000の兵

国分尼寺北方の伝鎌倉街道。新田義貞が一旦逃走したとされる道

を連れて応援に駆けつけてきた。力を得た倒幕軍は翌16日早朝、不意を突いて分倍河原に押し寄せ、油断していた幕府軍を攻め立て一方的な勝利を得た。

勢いに乗じて倒幕軍は鎌倉へと向かう。鎌倉は三方を山、一方を海に囲まれた要害の地である。鎌倉の出入り口として名高い「鎌倉七口」のうち化粧坂《けわいざか》と大仏坂切り通しが鎌倉街道上道へとつながっていた。倒幕軍はこれらを突破できず、海辺の稲村ヶ崎を経て鎌倉へ突入した。激闘の末、5月22日北条高時は自害し、鎌倉幕府は滅亡する。

武蔵国分寺を焼いた新田義貞は、後に黄金３００両を同寺に寄進、１３３５年薬師堂が旧金堂跡に再建された。現在の薬師堂は江戸時代半ばの宝暦年間の再建である。

3-5

鎌倉街道その3　歴史を感じさせる八国山から七国山へ

鎌倉幕府の消滅により、鎌倉街道の重要性も薄らいでいく。それでも室町時代の1455年、足利成氏《あしかがしげうじ》率いる鎌倉公方《くぼう》勢と上杉顕房《あきふさ》率いる関東管領勢との間で分倍河原の合戦が繰り広げられるなど鎌倉街道が歴史の表舞台に登場していた。だが江戸時代になり、新たな政治拠点である江戸を中心に交通網の整備が進むと、鎌倉街道は役割を終える。

そのため現在鎌倉街道は、江戸時代の五街道のようにそのルートを簡単にたどれるわけではない。ところどころ発掘などにより鎌倉街道の存在が明らかになっているだけである。その中でも、歴史の面影を色濃く残す場所をいくつか訪ねてみよう。

八国山の将軍塚

西武新宿線の東村山駅から一駅間だけ、行き止まり線の形で西武園線が延びている。電車が東村山駅を発車すると、車窓風景はそれまでと打って変わって、突然緑豊かになる。この区間の車窓は、山間地を走る飯能―西武秩父間を除けば、すべての西武線沿線で最も

八国山。山上部に新田義貞の将軍塚がある。手前は北山公園

のどかなものだと思う。右手には狭山丘陵東端の八国山《はちこくやま》緑地を見上げ、左手には北山公園などが続く。線路が単線なのも、ローカル線風情を醸し出すのに一役買っている。

八国山は頂上が特定されていず標高も100メートル程度だが、『武蔵名勝図会』によれば、上野赤城山、下野日光山、常陸筑波山、安房鋸山《あわのこぎりやま》、相模雨降山《あふりさん》（丹沢山地の大山の別名）、駿河富嶽、信濃浅間山、甲斐郡内の峯々という八つの国の山を望むことができるためその名がついたという。

現在八国山緑地はクヌギやナラの雑木林に覆われ、所々展望が開けている。アニメ映画『となりのトトロ』（宮崎駿監督、1988年）に出てくる七国山《しちこくやま》（トトロなどが棲む）のモデルの地だ。現在周辺は住宅地開発がやや進んだが、八国山緑地の中の散策道は昭和の末頃とあまり変わっていない。七国山病院のモデルとなった新山手病院も緑地に挟まれて立地している。

八国山緑地の東端付近の尾根に将軍塚がある。新田義貞が幕府軍と戦った際、同地に一時逗留《とうりゅう》して塚に旗を立てたことから将軍塚と呼ばれるようになったという。将軍塚からは、現在のように木々が生い茂ってなかったら南北と東の三方向が見渡せるだろう。標高差では30メートルほどだが眼下は久米川の戦いが行われた平地である。

八国山のある狭山丘陵は、武蔵野台地の中でも唯一、島状に丘が続き、柳瀬川など中小の川も数本流れている。合戦の平地があり、宿営するのに適した水（川や山麓からの湧水）があり、陣取って周囲を見晴らすのにいい高台（将軍塚）もある。将軍塚付近を歩いているとここが戦場となったのが実感できる。鎌倉街道は、八国山緑地の東側の低地を通っていたが、それらしき跡は残っていないようだ。

国分尼寺付近の伝鎌倉街道

次はJR武蔵野線に乗って西国分寺から北府中に向かってみよう。右手（西側）の車窓に注目していると、切り通しを進んでいて目の前が壁だったのが、突然眼下に視界が開ける。国分寺崖線を高い方から低い方へと横切る形になり、崖下に位置する国分尼寺跡が見えてくる（地図は巻頭カラーの4ページ参照）。尼寺の伽藍を構成していた中門、金堂、

小野路宿。かつての鎌倉街道で、江戸時代には大山詣での宿場として賑わった

尼坊の建物や掘立柱塀などを、かつてあった位置で礎石や柱などにより復元的に表示している。

国分尼寺の北側から約100メートル、鎌倉街道と言い伝えられている坂道が延びている（「伝《でん》鎌倉街道」）。国分寺崖線を切り通しで上っていく道で、両側も雑木林になっている。新田義貞らが分倍河原の戦いの初戦で敗れ、国分寺に火を放ち慌てて駆け上った道ということになる。

小野路と七国山

分倍河原付近で多摩川を渡った鎌倉街道は丘陵に分け入り、現在の多摩ニュータウンの中を南下していた。多摩川と鶴見川の分水嶺を越えると、小野路宿に至る。

当地は鎌倉時代よりも江戸時代にさらに

鎌倉街道、七国山の鎌倉井戸。新田義貞が掘らせたと伝えられている

栄えた。東海道と甲州街道を結ぶ脇往還の宿として、また江戸時代中期以降は大山詣での宿として賑わうこととなった。往時6軒の旅籠があったという。そのうちの旧「角屋《かどや》」が現在改修されて小野路宿里山交流館となり、歴史の解説コーナーや食事どころなどが設けられている。

宿が並んでいた道は、電線の地中化がなされすっきりし、緑に囲まれた古い民家が点在する。観光地として名高い宿場町ほどではないが、知らずに車で通っても、ここが特別な場所に感じられる歴史的風情を醸し出している。小田急線鶴川駅または小田急・京王線多摩センター駅からバスで行ける。小野神社前下車。

小野路宿から7キロほど南、鎌倉街道は

七国山を通る。『となりのトトロ』の山は「しちこくやま」だが、こちらは昔から「ななくにやま」と呼ばれている。八国山で見えた山のうち安房の山が見えないので七になっている。

七国山は標高128・5メートルあるが周囲は同じように小高い地がいくつもあり、さほど目立たない。山の周囲は緑豊かだが、周辺では丘を削って宅地開発が進んでいる。そんな中、七国山山頂の数十メートル西側、鬱蒼とした林を鎌倉街道が貫き、新田義貞が鎌倉攻めの際、軍馬に水を飲ませるために掘ったと伝えられる「鎌倉井戸」が道端に残されている。ここだけ時の流れが止まっているようだ。

鎌倉街道（小野路宿〜七国山）

3-6 江戸時代の甲州街道は江戸城が攻められた時の避難ルート？

江戸時代になると、幕府により江戸から全国に延びる東海道、中山道《なかせんどう》、奥州街道、日光街道、甲州街道の五街道が整備される。このうち多摩地域を通るのが甲州街道である。17世紀の半ば頃までには、中山道と合流する下諏訪（長野県）までの宿場が造られていった。

宿場では、常時規定の人馬を用意して幕府の公用旅行者や公用荷物の輸送を行う任が課せられていた。その数は東海道＝人足１００人、馬１００疋、中山道＝人足50人、馬50疋、甲州街道などが人足25人、馬25疋とされた。甲州街道は貧しい宿が多く、一宿でこの数の人馬を負担しきれない例もあり、いくつかの宿が合同して一宿分の働きをする「合宿勤め」を行っている所もあった。

都内の甲州街道の宿場を順に挙げてみよう。内藤新宿、高井戸（下高井戸、上高井戸）、通称布田《ふだ》五宿（国領《こくりょう》、下布田、上布田、下石原、上石原）、府中、日野、横山、（駒木野、小仏）と続く。カッコ内が合宿勤めの宿場である。たとえば布田五宿の場合、国領が毎月

1日〜6日、下布田が同7日〜11日など各宿場が6〜7日間交代で人馬役を負担していた。

なお内藤新宿は、当初甲州街道一番目の宿が高井戸宿であり日本橋から4里（約16キロ）と遠かったため、1698年に開設された。その際、高遠藩《たかとおはん》内藤家中屋敷の一部を幕府に返上させて宿場用地としている。

表1　甲州道中宿概要（現都内部）

	町並の長さ（町間）	人口（人）	本陣（軒）	脇本陣（軒）	旅籠屋（軒）
内藤新宿	9.10	2377	1	0	24
下高井戸	17.00	890	1	0	3
上高井戸	6.00	787	1	0	2
国領	7.30	308	0	0	1
下布田	3.37	429	0	0	3
上布田	5.58	314	0	0	1
下石原	6.40	448	0	0	0
上石原	5.51	411	0	0	4
府中	11.06	2762	1	2	29
日野	9.00	1556	1	1	20
横山	35.04	6026	2	4	34
駒木野	10.00	355	1	1	12
小仏	20.47	252	0	0	11

「甲州道中宿村大概帳」より（『特別展　甲州道中を旅する』所収）

甲州街道の現都内の区間では、表1が示すとおり、横山宿（八王子横山十五宿）が人口6026人で群を抜いて栄えていた。多摩一帯の物資の集積地であり、八王子織物の地としても名高かった。このほか下諏訪までの間で人口の多さで目立つのは栗原（現山梨市1057人）、石和《いさわ》（1143人）、甲府柳町（905人）、韮崎（1142人）、上諏訪（973人）といった程度である。

甲州街道は五街道の一つとされた

割には交通量が少なかった。参勤交代で通るのは、諏訪藩、高遠藩、飯田藩の信州三藩だけである。五街道の一つとなった理由は、徳川将軍家の親藩や有力譜代大名が配置された甲府との連絡道として重要視されていたことが指摘されている。

甲州街道の整備は、まず江戸―八王子間から始められた。豊臣秀吉勢が小田原北条氏を滅亡させた後、徳川家康は関東に領地変えを命じられ、1590年江戸城に入った。落城となった八王子城を復興させる代わりに、新たな町を旧八王子城のあった山間部ではなく、その東約8キロ（現八王子市街）に設けた。以来、旧八王子城下は元八王子と呼ばれるようになる。

家康は八王子に千人同心を配置した。これは八王子を江戸城防衛の最前線と考えたためといわれる。千人同心とはおよそ千人からなる地侍、農民など半士半農の軍団である。武田家の滅亡後、徳川氏が庇護してきた武田の遺臣数十名を八王子宿西部（現千人町）に移住させるなどして組織化した。敵が甲斐方面から攻めてきても、この軍団を中心に八王子の西、天然の要害といえる小仏峠付近で侵攻を防いでいれば、江戸城から大軍が駆けつけるというわけである。

またよく語られることに、徳川家康は江戸が攻められた時、甲府城への避難ルートとして甲州街道を想定していたという説がある。甲府は富士川を下れば徳川家の縁が深い駿府《すんぷ》

（現静岡市）に至り、また甲州街道を下れば下諏訪から中山道に入れ、京都へ向かえるという地の利がある。

多摩地域の甲州街道の地形を述べておきたい。日本橋から四谷、新宿を経て現在の甲州街道とほぼ同じ所を立川駅の南方、日野橋まで延びていた。府中付近など、現在はバイパスが造られたルートを甲州街道と呼び、かつての道は旧甲州街道と呼んでいる区間もある。

また都心付近で甲州街道は皇居の内堀の半蔵門付近から四ツ谷駅前を通り、新宿駅南口を経て杉並区下高井戸4丁目付近まで約11キロ、武蔵野台地の尾根筋をほぼ忠実に通っている。そのためこれも尾根筋を通ることが特徴の玉川上水（第一章参照）がこの区間ではほぼ並行して続いている。現在では同区間の玉川上水は暗渠化されてしまったが、江戸時代の旅人は、この付近甲州街道を歩きながら玉川上水も随所で目にしていたことだろう。

甲州街道は三鷹市と調布市の境界付近（京王線仙川―つつじヶ丘付近）で、国分寺崖線にぶつかる。急な坂道で崖上（新宿側）の武蔵野段丘から崖下の立川段丘へと下ることになる。現在崖下側に「滝坂下」の交差点があり、そこから甲州街道を新宿方面に向かうと左側に甲州街道の旧道がバイパスのような形で200メートルほど延びている。馬車の時代は上り下りに苦労する難所だった。山間部に比べればこの程度の坂はたいしたことないが、四ツ谷方面から来ると初めて武蔵野台地から離れる所にある本格的な坂なので目立っ

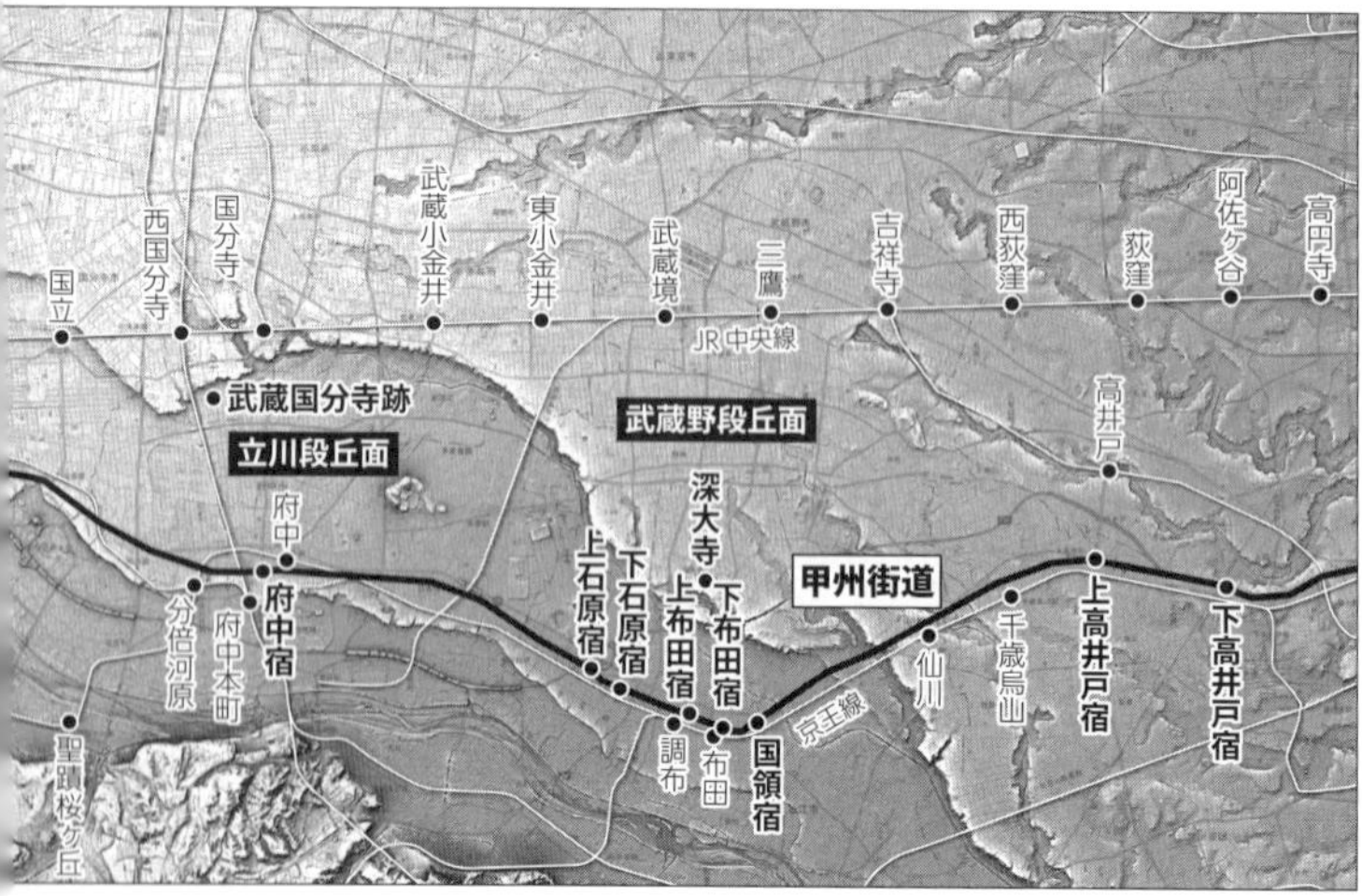

たことだろう。

この地点は京王線も特徴的な走り方をしていた。京王電気軌道として大正２年の開業時（笹塚―調布間）から昭和２年まで、甲州街道の滝坂下交差点からその先調布方面へ向けて約６００メートルの間、電車は甲州街道上を路面電車として走っていた。その手前、新宿方面から国分寺崖線を通り抜ける場合、崖の手前から切り通しの中を進んで徐々に坂道を下り崖下の滝坂下交差点付近へと出ていた。

その先、甲州街道は、府中崖線に沿って崖上（立川段丘）を西へ進み府中に至る。現在でも府中を過ぎてから府中崖線の上を西へ進み、多摩川を渡る日野橋交差点まで進んでいる。慶安年間（１６４８～５２）

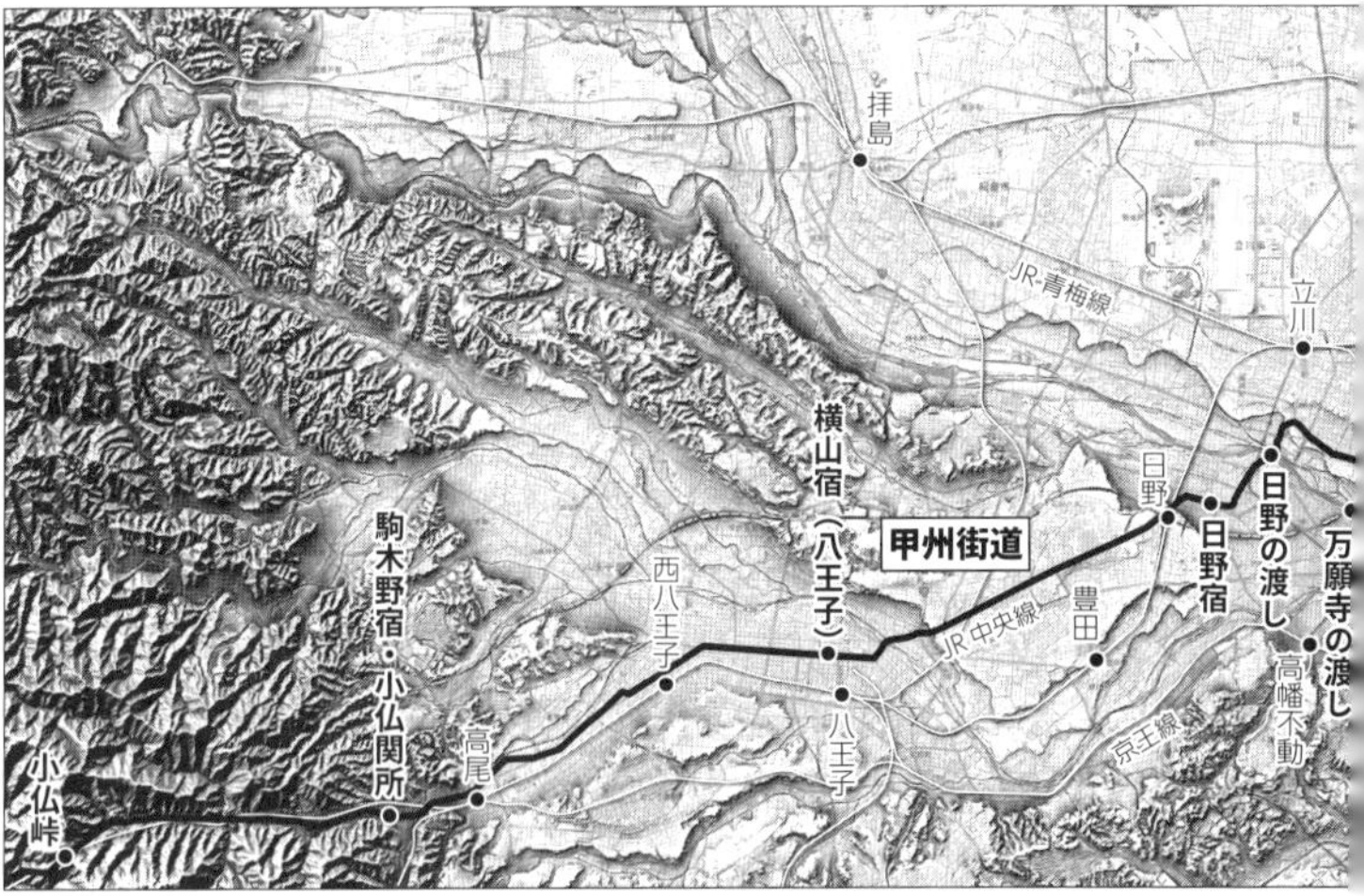

多摩・武蔵野広域地図

以前は府中宿を過ぎた所で崖線下の低地に下りて多摩川の左岸に沿って西へ進んでいた。しばしば多摩川の洪水に見舞われたために崖上にルートを移したようだ。

　多摩川の渡しの場所も慶安年間までの石田の渡し（現在の日野バイパス石田大橋付近）、その後の万願寺の渡し（現在の中央自動車道多摩川橋付近）、17世紀後半以後の日野の渡しとしだいに上流側に移動している。日野の渡しは現在の日野橋より約400メートル上流だった。なお万願寺の渡しは日野の渡しができた後も残り、この二つの渡しは大正15年まで使われていた。

　当初はなぜ崖下を進んだのか、また多摩川を渡る地点がなぜ西へと移っていったのか。江戸時代初期、まだ幕府政権が安定し

府中宿の中心部、甲州街道と府中街道の交差点にある都旧跡の高札場

ていない時期は、多摩川を江戸城の防衛ラインとみなしたはずで、それと関係がありそうだが不明である。

甲州街道日野宿はＪＲ中央本線日野駅のすぐ東側に続いていた。その先、街道は台地に上り八王子方面へと向かう。

八王子宿は現在の市街、甲州街道沿いの横山町、八日町一帯が本陣のある中心部だった。その先の西八王子駅付近が千人町である。

高尾駅付近から先、甲州街道は現在の甲州街道（国道20号）と分かれ、中央線に沿って山間部へと入っていく。車の往来も少ない静かな道で歩いていて気持ちがいい。圏央道の巨大なジャンクションが頭上に迫る手前が駒木野宿のあった地だが、宿場町の雰囲気は残っていない。近くに小仏関所跡がある。

3-7 戦時中に戦車が走った戦車道路うねうねとしたコースの理由は？

戦車道路というのが町田市北部にあるという話を、20年以上前に何かの雑誌で読んだ。「戦時中、近くの工場で製造した戦車の性能テストをするために、わざと道を曲がりくねらせて造った」と書いてあった。地図で調べてみると、京王相模原線多摩境駅付近に、激しく蛇行を繰り返す道が目に入った。アルファベットのWの文字の右にVの字をくっつけた形で、わずか1・5キロの間に5回も大きく屈曲している。見てみたくなりすぐに行ってみた。多摩境駅は1991年の開業なので、訪れたのはその数年後だったと思う。

駅に降り立つと一帯はあちこちで大規模な工事中で、どこが戦車道路か分からなかった。多摩ニュータウンの西側にあたり、京王相模原線の沿線は至る所で丘を切り崩して地形の改造が進められていた。戦車道路はどこなのか住人らしき何人かに聞いてみたのだが、知っている人がいない。数年前までは人がほとんど住んでいない林野だったのだから、皆新住人であることに気づき、聞いて回るのを諦めた。私の事前の調べも甘かった。『町田市

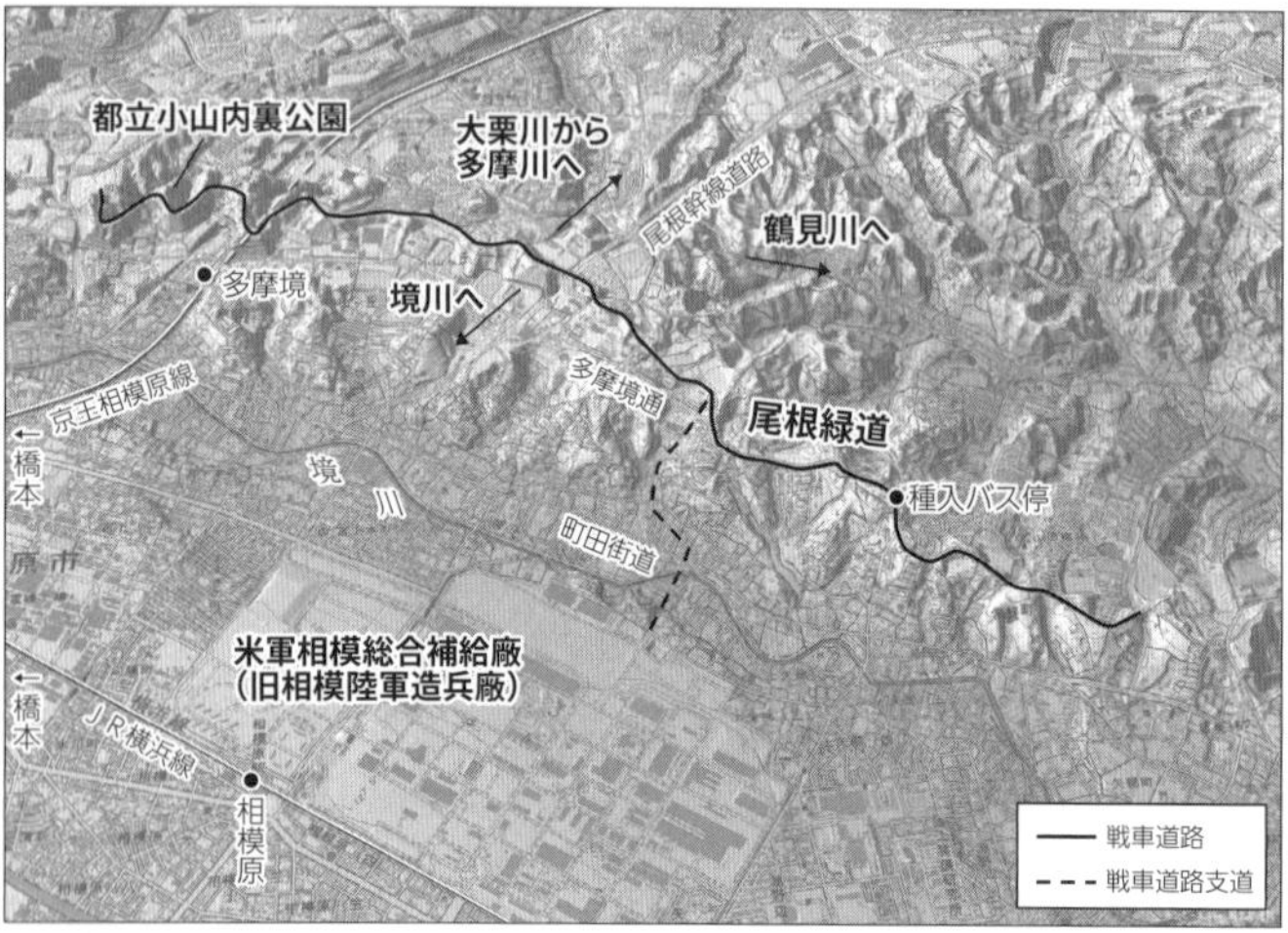

戦車道路

史』を読んでおけば、もう少し場所を特定できたはずだった。

　今回久しぶりに当地を訪れたら、「戦車道路の由来」と書かれた解説板がその道沿いに何カ所もあり驚いた。時代は変わり、かつてのようにダンプカーが行き交うこともなく、ニュータウンの住人は高齢化している。歴史を振り返る余裕も出てきたようだ。解説板には概略しか書かれていないので、もう少し詳しく述べておこう。

　昭和の戦前、多摩、相模原地域には軍関連の工場や学校、施設が多数作られた（第四章参照）。その一つが現在の町田市と相模原市（神奈川県）の境界付近に建設された相模陸軍造兵廠《ぞうへいしょう》（現米軍相模総合補給廠）である。造兵廠とは兵器を製造する陸軍の大規模工場のことをいった。昭和13（1938）年に一般兵器の製造修理を目的に陸軍の兵器製造所として発足し、太平洋戦争開戦の一年前にあたる同15年の軍備拡張計画で、戦車、機甲車両、中口径砲弾などを生産する相模陸軍造兵廠へと昇格した。

初期の頃は、戦車の部品生産のみで、組み立ては三菱重工丸子工場などで行っていた。同丸子工場は現在の東急多摩川線下丸子駅西方にあり、東海道貨物支線（品鶴《ひんかく》線ともいった。現西大井―新川崎間）から引込み線が工場へと延びていた。

小山内裏公園付近の拡大

相模陸軍造兵廠ではエンジン工場、組立て工場が竣工し、自力で戦車が完成できるようになった。そうなると完成品の性能テストをしなければならない。また陸軍兵器学校学生の操縦訓練の場も必要だった。

造兵廠敷地のすぐ前を明治41（1908）年開業の国鉄横浜線（現JR横浜線）が走っている。昭和16年には正門側に相模原駅が作られた。それまで線路沿いに広がる平地は一面の桑畑だったのが、しだいに宅地や商業地となっていった。一方、造兵廠の裏側は都県境となる境川が流れ、その北側（現町田市側）は丘陵のためほとんど未開発状態だった。

昭和18年、陸軍は戦車のテスト用地として背後の丘陵に試行道路約8キロを完成させた。これがいわゆる戦車道路である。

戦車道路は多摩丘陵の尾根線を忠実にたどる形で作られている。通常、丘陵地に道路を通す場合、行く手に丘があれば切り通しを設けたりトンネルを掘ったりするし、窪地があれば土を盛って築堤を設ける。だが戦車道路のコースの場合、尾根筋をくねくねと丹念にたどることによって、谷に降りることを回避している。そのため築堤や切り通し区間がとても少ない。

テストコースの設計は陸軍が行っている。なぜ尾根伝いのコースにしたかは、理由を記した資料を見つけられなかったので分からない。私の想像では、上から見下ろされることがないので秘密を守りやすかったこと、平地ではないので緩やかなアップダウンがありテストに適していること、尾根筋は分水嶺のためそこを横切る川がなく橋を建設する必要がないことなどである。

また発砲試験の資料もないので何ともいえないが、周囲に人家がほとんどないことが立地としては適していただろう。

現在かつての戦車道路部分8キロは、多摩境駅付近の都立小山内裏《おやまだいり》公園西端から東に向

小山内裏公園内の戦車道路。両側の林は下りの斜面で道路は尾根伝いに続く

かって全区間尾根緑道として整備されている。所々で視界が大きく開け、相模原市方面の住宅地を見下ろせ、その先に富士山や丹沢の山々まで見渡せる。

とくに小山内裏公園内が、戦車道路（尾根緑道）の蛇行が激しい。両側は林で立入れないが、そこを覗くとどちら側もその先が低くなっていてここが尾根だということが分かる。道路が蛇行しているのは、尾根筋をトレースしたらこういう蛇行になったというわけである。コースを恣意的に蛇行させたのではなく、地形に制約されながら道を作ったら、こうなったという感じである。

実はこの尾根筋の道は戦車道路となる以前から八王子と横浜を結ぶ道として存在した。明治時代の地図を見ると、現在小山内裏公園となっている所では、道が今と同じように蛇行している。当時も尾根筋をたどって人や馬が往来していてその道を戦車道路として拡幅した。ということは、この蛇行は戦車のテストコースのために造ったのではないわけである。ただし、蛇行したテストコースを造れるので、テストコース造成としてこの地を選んだということはあるかもしれない。

同じような例が千葉県の新京成電鉄（松戸—京成津田沼）にも見られる。同路線の大半は、戦前に陸軍の鉄道連隊の演習用として建設された。新津田沼駅付近や習志野駅付近など不自然にカーブが多いのは、建設訓練のためそのように造られたといわれてきた。だがここも凸凹地図で見ると、線路は地形を忠実にたどっているのが分かる。京成津田沼—新津田沼間はS字上に続く尾根の上を線路が進むし、習志野駅付近では谷筋にぶつからないように台地上を適宜カーブしながら進んでいる。この例もカーブをたくさん設けようと自由にコース設計をしたのではなく、地形上ここしかないといった場所などに線路を敷いていったらカーブが多くなったと推察できる。

戦車道路に話を戻すと、くねくね区間の同公園内を過ぎてしばら行くと、下をトンネルで尾根幹線道路が横切る地に至る。このあたりは、三つの川の分水嶺となっている珍しいエリアである。

尾根緑道の北から北西側にかけて降った雨は、大栗川に流れ込み多摩丘陵を北へ進み聖

戦車道路は所々で展望が開ける。背後の山は大山。小山裏公園内から

蹟桜ヶ丘駅付近で多摩川へ合流して東京湾へと注ぐ。

同じく尾根緑道の南側に降った雨は、境川へ流入し、そのまま南下して東京都と神奈川県の県境を進む。その先も横浜市と藤沢市の市境など名前どおりの役割を果たしながら流れ、相模湾へ注ぐ。河口のすぐ先に江ノ島が浮かぶ地点である。

同じく尾根緑道の北東に降った雨は鶴見川へ流れ込み、多摩丘陵を南北に分けるような谷の中を東へ進んで東京湾へと注ぐ。

戦車道路をさらに東に歩いていくに連れて、道路沿いに民家が多くなってくる。相模陸軍造兵廠だった米軍相模総合補給廠も眼下に見えてきた。

戦車道路は、戦後しばらくの間は防衛庁

の管理となっていたが、多摩ニュータウンの建設にあたり土砂運搬用に舗装された。その後現在の緑道として生まれ変わった。

第四章

多摩の鉄道と地形編

4-1

中央線——武蔵野台地を一直線に敷かれたのはなぜか？

電車に乗っている際、ずっと上り勾配を走っているのか平坦な線路上を進んでいるのかといったことを気にかけている人は、どのくらいいるだろうか。

私より十五歳ほど年下の鉄道好き（というか超マニア）の元同僚と話をしていて、「これはいわゆる世代間ギャップの鉄道版かもしれない」と感じたことがあった。私が彼に、「以前の東急目蒲線の目黒手前の急勾配は、すごかったよね。あんな急な坂、ＪＲにはある？」

とか、

「山手線渋谷から原宿、代々木への上り勾配は、貨物を牽引する最近の電気機関車にとってはたいしたことないのかな？」

と質問した。通常なら、

「（内田さん、そんなことも知らないんですか？）」のニュアンスをこめて、「それはこれ

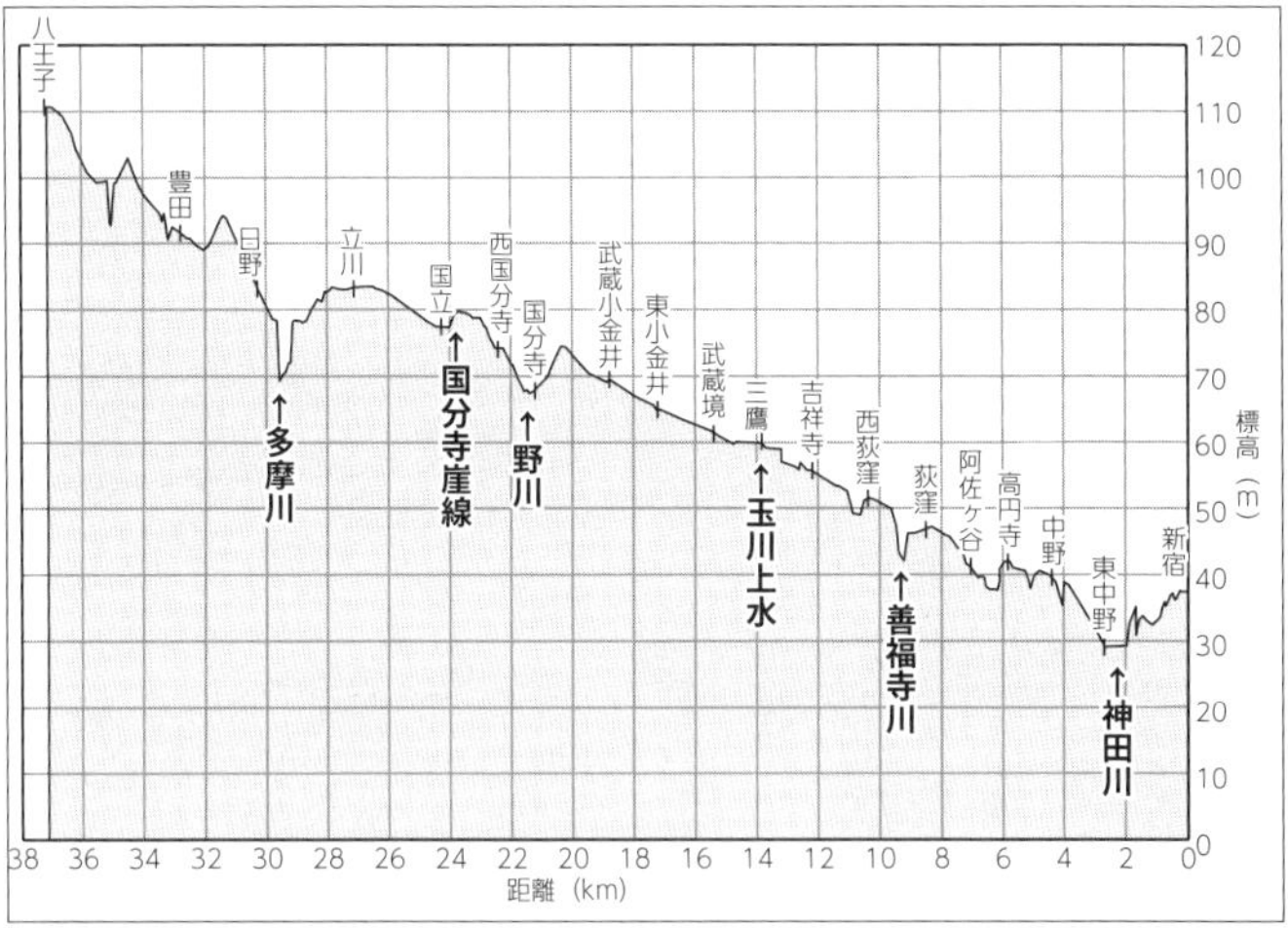

中央線断面図（国土地理院の標高データから作成。実際の線路の位置や勾配とは異なります。以下同じ）

これこうで」と教えてくれるのだが、この時の彼の反応はとても鈍かった。彼は鉄道のことなら何でも知っていると思っていたので、びっくりした。後で考えてみたら、これは世代間ギャップだと思えてきた。その理由はこうである。

昭和50年代くらいまで、車両の性能が今よりずっと低かった。今は地下化されているが、東急目蒲線（現目黒線）の目黒付近など、目黒川の低地から台地へと上るので電車はモーターを唸らせながら走っていた（いわゆる吊り掛け式モーター車で、現在東京周辺では江ノ電にだけ残存している）。地方の非電化ローカル線では、山間部など、気動車がエンジン音をうるさいほどに発しながらゆっくりと上っていた。昭和40年代までなら蒸気機関車が上り急勾配では煙を盛んに吐き出しながらドラフト音を響かせ、一方下り勾配なら絶気運転で煙もドラフト音も発せず惰性で走っていた。私をはじめ多くの鉄道好きにとって、峠越えの区間はもちろんのこと、ちょっとした連続する急勾配区間でも、そこに至るのを待ちこがれ胸を躍らせていたものである。

それが平成に入る頃から、電車も気動車も機関車も、すべてさほどスピードを落とさず楽々と上り勾配を克服する高性能車両へと変わっていった。その時代に物心ついて鉄道好きになった世代は上り勾配での列車の奮闘を知らないので、急勾配区間に思い入れが少ないように思うのだ。

前おきが長くなったが、多摩地域を走る路線の地形を知るヒントとして、いくつか断面図を作成してみた。線路の断面図は勾配の様子を強調しているので、沿線の地形を想像しやすい。それを見ていて、やはりいくつか、心ときめく区間があることを再認識した。

そのなかで、図では最も途中の凸凹が少なく、きれいに上り続けているのがJR中央線である。新宿を出てから神田川の谷を越えると、立川まで標高差で約50メートルをほぼ一本調子に上り続ける。だが、中央線に乗っていて上り坂を進んでいることを実感する方はほとんどいないだろう。私も昔からそれを意識したことがない。

こんなに長い距離で上り勾配が続くのに心がときめかないのは、武蔵野台地の地形をうまく利用してコース取りがなされているためである。その断面図は、武蔵野台地の特徴を分かりやすく示している。

武蔵野台地の特徴は、前述のように西が高く東に向けて緩やかに傾斜していることである。台地の中では神田川や善福寺川などが流れ出し、台地を浸食し谷をなしている。多くの水は低い東へと流れるので、台地は東側ほど浸食も進み地形が複雑になる。中央線でも東部の神田―新宿間では、低地からいきなり凸凹地形の中に入ったり（御茶ノ水付近）、片側を外濠、片側を崖といった中を走ったり（市ケ谷付近）、トンネル（四ツ谷駅西の新御所トンネル）を抜けたりといった変化に富んだ車窓が展開する。

それに対し、新宿から西側では、すぐに神田川の谷こそ越えるものの、その先国分寺までは、神田川の支流の善福寺川の谷を越えるくらいしか目立った凸凹がない。国分寺のすぐ先で源流近くの野川を越えるが細い流れなので橋は必要とせず、線路は谷を築堤で進んでいく。野川は築堤下を小さな水路トンネルでくぐっている。

国立《くにたち》の手前で、国分寺崖線を高い方から横切る。その手前の線路は台地内（崖上）を切り通しで進んでいたのが、崖線を越えると低地に突入するので高架を走るようになる。

立川を過ぎると、線路は左にカーブして武蔵野台地と別れ多摩川の低地に出る。いっきに低地に出る様子が断面図をみればよく分かる。多摩川を渡った先が日野である。

日野付近は明治や大正時代頃の乗客にとって、特別な場所に感じただろう。中央線の新宿―八王子間は、明治22年、私鉄の甲武鉄道として開業した。開業時の途中駅は、中野、境（現武蔵境）、国分寺、立川だけだった。その後同24年に荻窪駅、同23年に日野駅が開業している。明治時代半ばの地図を見ると、沿線で人家があるのは各駅前くらいで、それ以外のほとんどは桑畑や雑木林である。新宿を出て車窓に延々とそうした単調な風景が続いた後、日野駅手前で突如低地に出て視界が開け、水田が目の前に広がる。駅前には室町時代後期に造られた日野用水が流れ、多摩の米蔵と呼ばれた一帯の水田を潤している。新宿で分かれた後、ずっと別の場所を通っていた甲州街道ともここで出会う。

現在の日野駅舎は、付近に多かった米作農家の旧家スタイルをベースに茅葺きを連想させる入母屋造りとなっている。御茶ノ水駅駅舎も設計した伊藤滋によるもので昭和12年の竣工。都内の駅舎のなかでも原宿、高尾と並んで屈指の歴史的価値あるものといえる。

中央線は新宿の少し先から真西に一直線に伸びているのが印象的だ。八王子、甲府方面へ鉄道を建設しようとした際、障害となる谷が少なく、土地の接収も容易な武蔵野台地の真ん中を西へ一直線に計画したのは、理にかなったものだった。台地内に住んでいた人を乗客として考えたのではなく、都心と八王子以西とを結ぶ能率的ルートとしてコース選定したと考えられる。

4-2 京王線――武蔵野台地の尾根筋から崖線越えへ 小田急線――地形にこだわらずに多摩丘陵へ

京王線と小田急線は共に新宿をターミナルとして西へと延びる私鉄で、似たイメージをもつ人も多いようだ。だが前著でも触れたように開業時の目論見は両者で大きく異なり、そのため沿線の地形もまったく異なっている。

京王線は、大正２（１９１３）年４月に笹塚―調布間が開業した。甲州街道上の集落を結ぶようにして敷かれ、街道の上を路面電車の形（併用軌道）で進む区間もあった。従来から街道を行き来してきた人を乗客に想定しての敷設である。

小田急線は、昭和２（１９２７）年４月に新宿―小田原間を全線同時開業させた。大正12年に関東大震災があり、東京の下町が大火災で壊滅的な被害を受け、東京の西側郊外に移住する人が多くなり、そうした人たちを乗客に想定していた。

両私鉄の開業はたった14年間の違いだが、その間に時代は大きく変化していた。都心と郊外とを結ぶ郊外電車の時代に入っていたのである。

江戸時代に整備された甲州街道は、すでに述べたように武蔵野台地の尾根筋を通っている区間が長い。京王線は新宿を出て仙川付近までの約10キロ、甲州街道に沿っているので、その間アップダウンがとても少ない。

小田急線は武蔵野台地の中を進む成城学園前までの約10キロの間でも、凸凹に富んだ地形の中を進んでいく。代々木八幡付近では北から張り出した台地を避けて大きく回り込んだり、下北沢付近では、多少のアップダウンは無視して直線で進んだりする。昭和の初期頃は沿線に集落が少なく、田畑や雑木林が続いていた。

江戸時代に造られた上水・用水路は、尾根伝い、すなわち高い所に引かれているのが特徴である。一方、自然河川は低い所、いわゆる谷を流れる。そのため小田急線は新宿を出てすぐに旧宇田川の谷を越えた後、東北沢駅前で三田上水跡を横切る地点では尾根線に上っているのが見てとれる。ここまでが前著でも触れた区間だが、その先に進んでみよう。

京王線は仙川―つつじヶ丘間で国分寺崖線を横断する。前章甲州街道の項で少し述べたように崖上にあたる仙川駅付近から切り通しの中を進み線路の標高を徐々に下げていく。崖下でいきなり高い築堤や高架橋が必要となることがないようにするためである。

その先崖下に至ると線路は築堤となって小さな川（入間川）を渡り、つつじヶ丘となる。

興味深いのは、崖線上の武蔵野段丘を二階フロア、崖線下の立川段丘を一階フロアとする

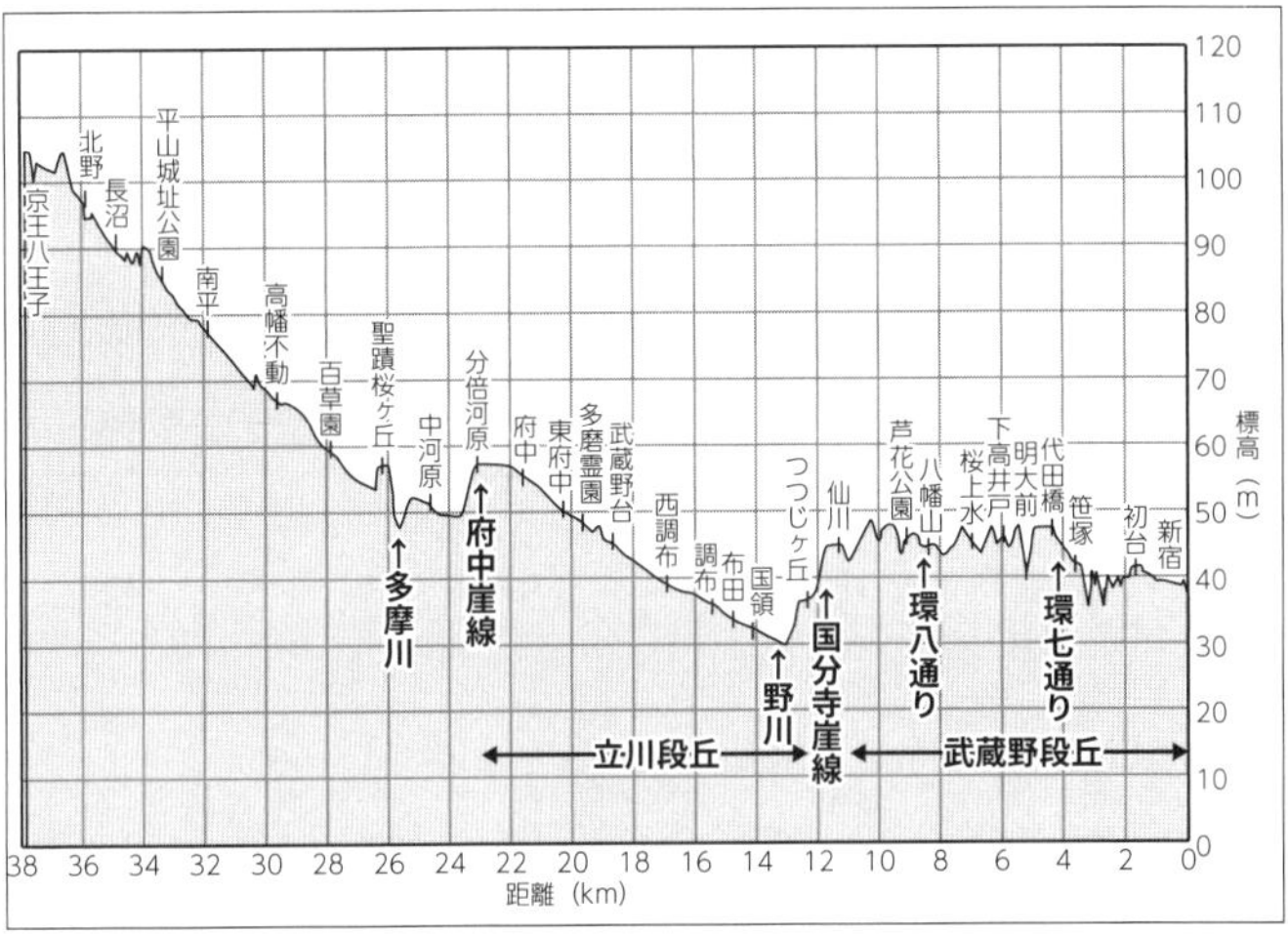

京王線断面図

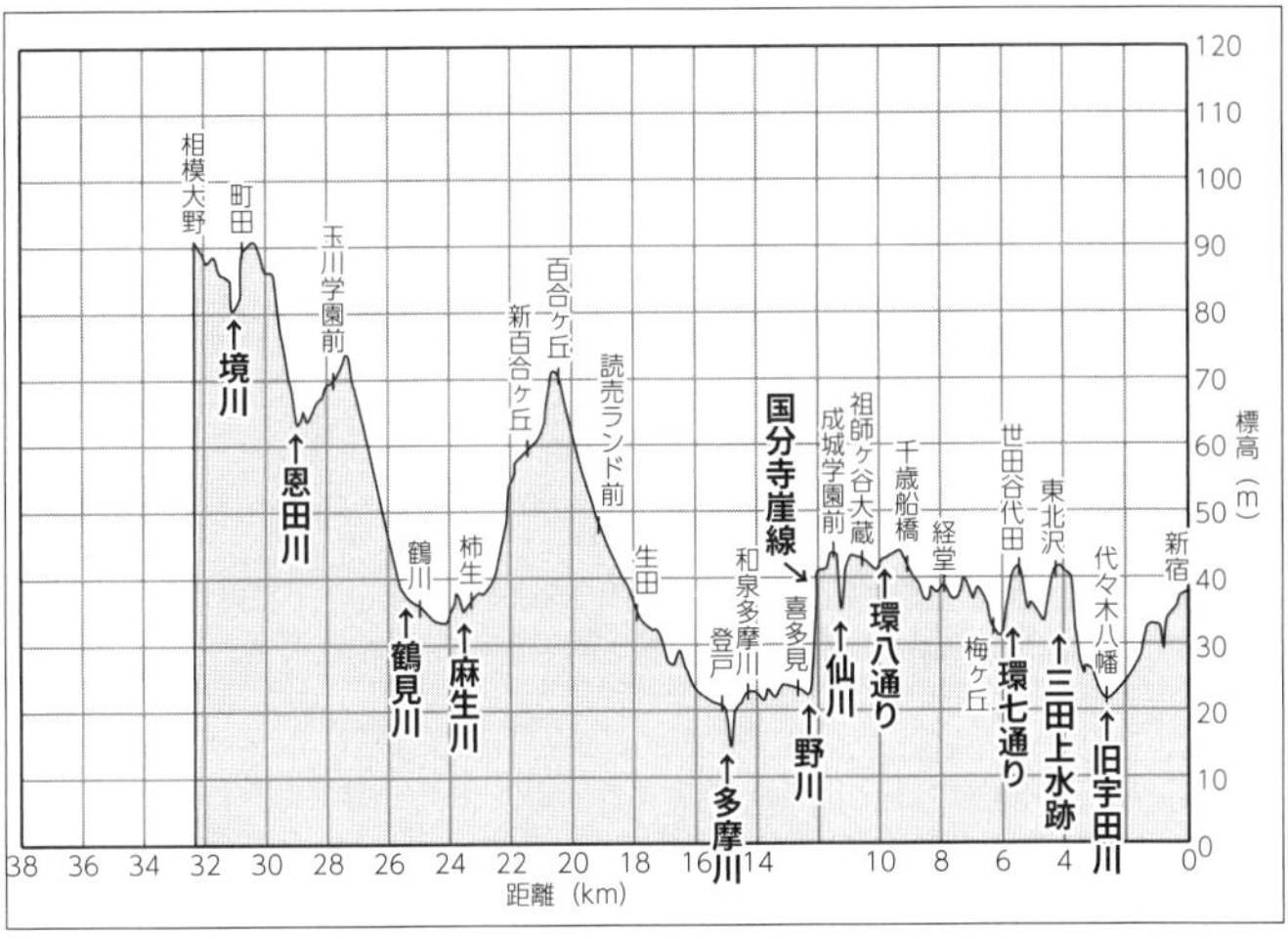

小田急線断面図

と、つつじヶ丘周辺の狭いエリアが中二階フロアのような形で存在していることである。国分寺崖線の他の場所では、こうした地形はほとんどない。江戸時代の甲州街道がここを通っているのは、中二階フロアがあるので急坂を避けることができたためとも思えてくる。少しでも坂道が緩やかなのは、荷車を引く者にとってはありがたいことである。学問的には、確証がないことを述べてはいけないだろうが、地形と歴史をリンクさせて想像する散歩の視点での楽しみの例として述べてみた。

調布から府中までは立川段丘をほぼまっすぐに西へ進んでいく。緩やかな上りとなっているのは、段丘面が西へと高くなっているためで、車窓を見る限りでは、凸凹のない平地を進んでいる印象を受ける。府中を出ると南に折れ、府中崖線を通り抜け多摩川低地へと出て多摩川を渡る。ここまで、国分寺崖線、府中崖線という二つの崖は通るが、それ以外、武蔵野段丘、立川段丘を穏やかに進んでいる。

小田急線の方は、現在は地下駅となった成城学園前を出た所で国分寺崖線にぶつかる。線路は崖下に勢いよく飛び出す形で高い築堤で進む。崖線を越えるのに有利な地形の場所を選ぶといった考慮はなされていない。断面図で京王線の国分寺崖線地点と比べてみても、小田急線の崖線の急峻さが目立つ。地形に関係なく都心と調布、府中方面とをなるべく短時間で結ぶということが優先されていて、建設時の時代の勢いを感じる。

すぐに野川を渡るが、この付近での府中崖線は存在せず（狛江駅西側で府中崖線は多摩川と合流する形となる）そのまま多摩川低地を進み、多摩川を渡って登戸へ至る。

登戸を出ると多摩丘陵に分け入り、五反田川に沿って標高を上げていく。百合ヶ丘を発車してすぐ、切り通しを進む所が多摩川水系と鶴見川水系の分水嶺で、そこを過ぎると鶴川まで下っていく。鶴川駅は鶴見川の谷に位置している。ここで多摩丘陵の北側半分を越えたことになる。電車は再び多摩丘陵の複雑な地形の中を峠越えにいどむ。このあたりが最も心はずむ区間である。ここでは峠部分がトンネルになっていて、トンネルの手前（新宿側）に和光大学、越えた先に玉川学園のキャンパスが広がる。いずれも成城学園から昭和戦前に分かれて開校した。小田急線開業当時の地図を見ると、鶴川―玉川学園前間は森林地帯の様相でまったく人家がない。そこを切り開いて校地としている。

線路は玉川学園前の先で恩田川の谷に出て多摩丘陵区間は終了する、ここからは相模原台地へと上る。多摩丘陵は谷と尾根が複雑に織りなす地形なのに対し、相模原台地は平坦な土地が広がる。町田駅周辺は相模原台地に位置し、小田急線開通以前から台地内の町田街道上には集落が点在し、その背後には桑畑が広がっていた。町田のすぐ先の境川は、東京都と神奈川県など行政上の境となる区間が長いが、恩田川が地形的な境となっているわけである。

4-3 西武池袋線・新宿線――台地を上り続ける 東武東上線――しだいに低地へと向かう

西武池袋線と東武東上線とは同じ池袋駅をターミナルとする私鉄なので、京王線と小田急線の関係と同じように似たイメージを持つ方も多いかもしれない。ところが断面図を見比べれば一目瞭然で、こと地形に関しては、京王と小田急の違い以上にこの両路線の相異は顕著である。

西武池袋線は池袋から所沢の先の飯能《はんのう》までが大正4（1915）年に開業した。東武東上線は池袋から川越町（現川越市）駅の先まで（同駅の一つ先で現在は廃止された田面沢《たのもざわ》駅まで）が大正3年に開業している。いずれも関東大震災の前であり、小田急線が昭和ヒトケタ世代とすれば、両路線はそれより古い京王線の世代、大正前期生まれ世代に属する。都心と郊外の住宅地を結ぶといった通勤路線ではなく、沿線移動の足としての性格が強い。西武池袋線の断面図も小田急より京王の方に似ている。平坦地が長ければ一般的にそれだけ沿線住民が多い。小田急のように途中人家がほとんどない凸凹の激しい丘陵地を抜けて

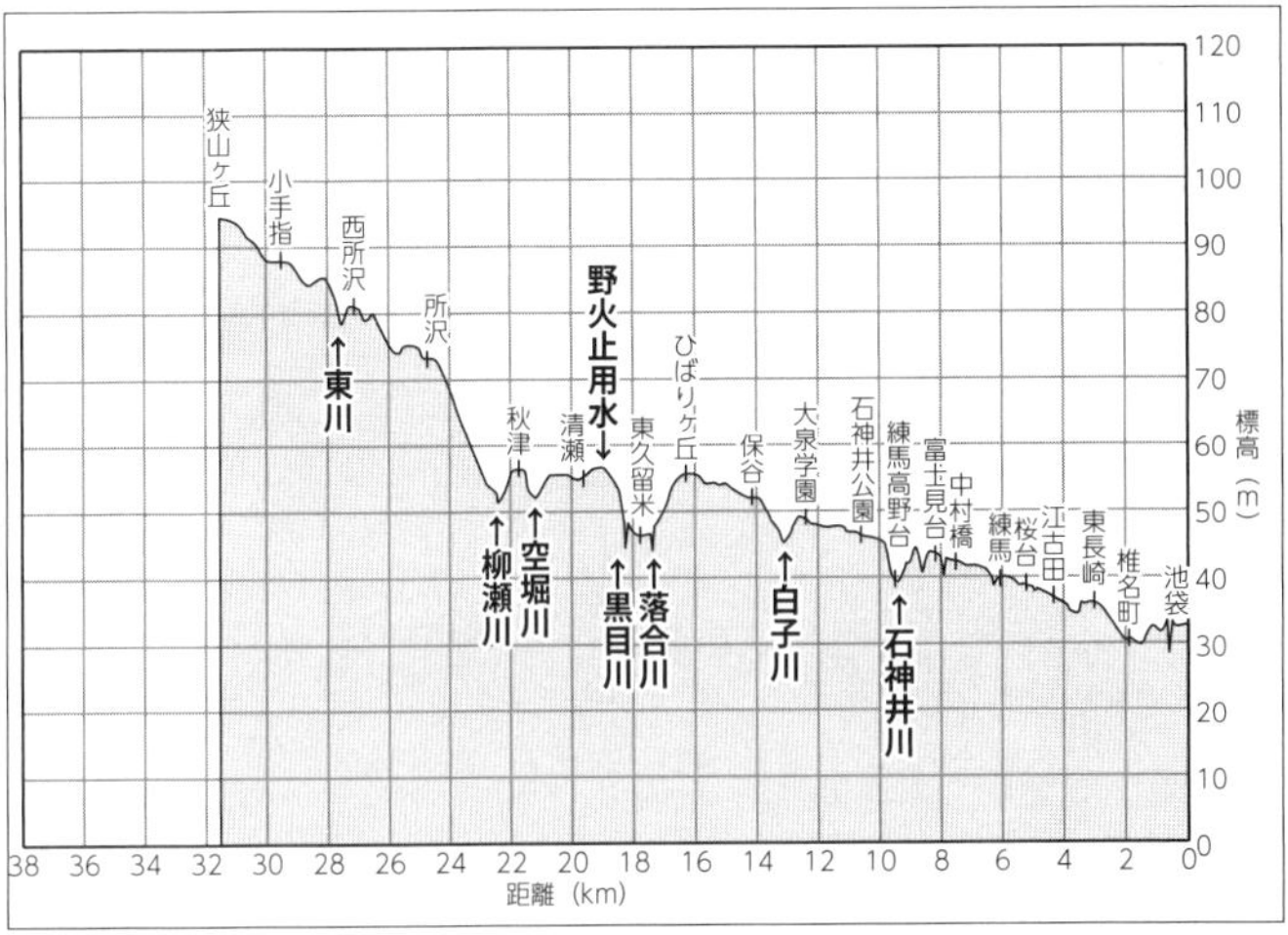

西武池袋線断面図

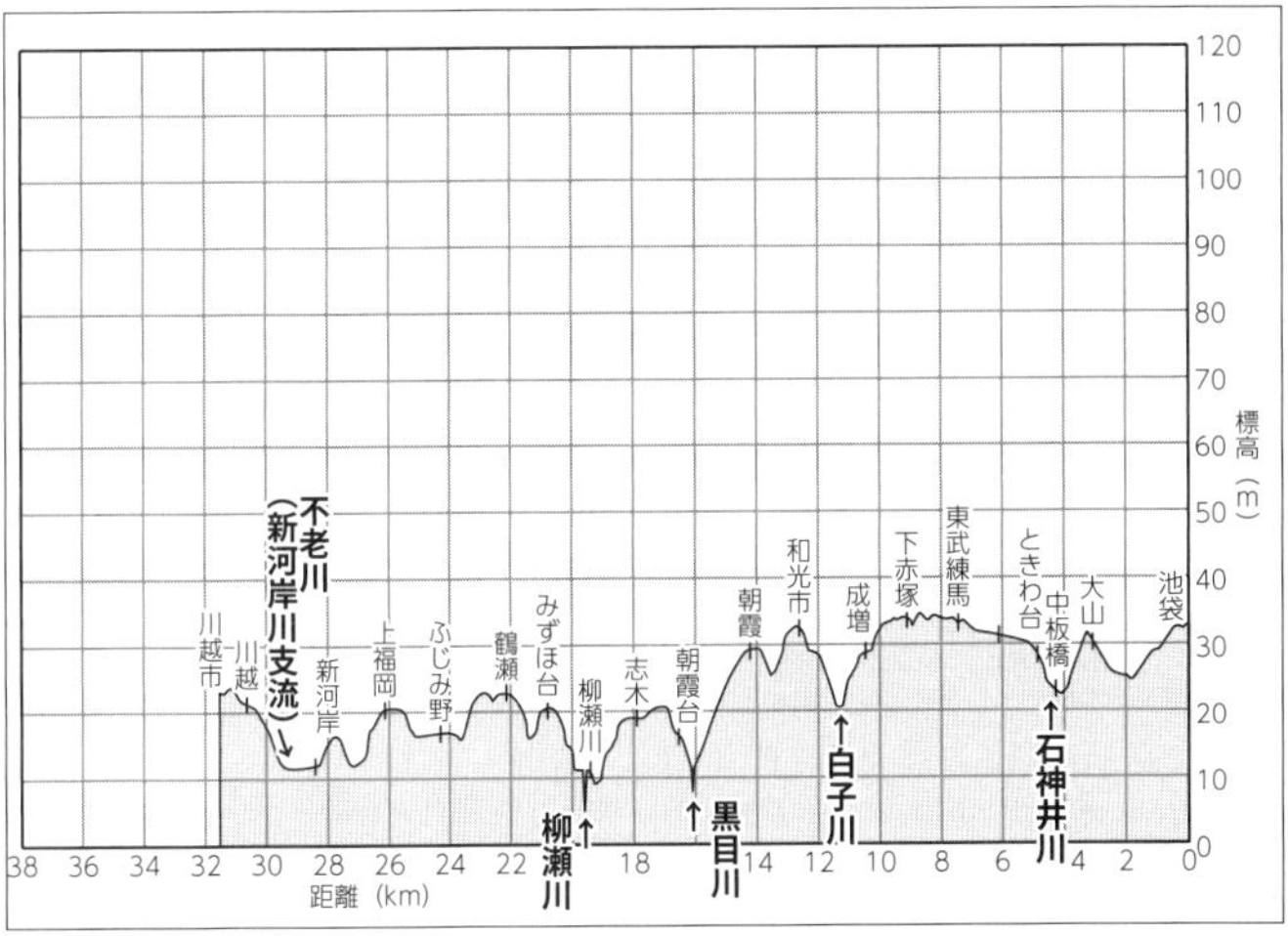

東武東上線断面図

その先の大きな町へ向かうということもない。

またこの両路線では貨物輸送にも重きが置かれていた。現在の鉄道会社、西武鉄道は、昭和20年9月に前身の武蔵野鉄道が旧西武鉄道を吸収合併して形作られるが、その時の名称は西武農業鉄道（翌21年11月西武鉄道に改称）である。社名に「農業」を冠した鉄道会社は非常に珍しい。それだけ沿線の畑の生産物、肥料の貨物輸送を重要と捉えていた。

両路線の鉄道会社の歴史は合併が多く複雑なので省略し、路線の特徴を述べていこう。

西武池袋線は、池袋を出ると所沢の先まで、武蔵野台地を上っていく。途中台地内から荒川や隅田川へと流れる石神井川、白子川などの谷を横切っていくのが特徴的だ。黒目川、柳瀬川の谷が比較的大きいが、小田急線が通る国分寺崖線地点ほどの凸凹の規模ではない。江戸時代の用水路である野火止用水が線路を横切るが、ここでもやはり江戸時代の用水路は尾根線を通っているのが分かる。秋津を過ぎ柳瀬川を渡った約100メートル先、同川の旧流路部分が東京都と埼玉県の都県境となっている。

一方東武東上線の地形は、これまで述べた多摩地域の鉄道とはまったく異なっている。都心を離れるに従って標高が高くなっていくことがない。川越近くまで進むとかえって標高が低くなる。

池袋から朝霞《あさか》まで武蔵野台地の北端近くを進む。途中石神井川、白子川の谷に出会うが、それ以外はほぼ平坦で、池袋と朝霞の標高は共に約30メートルでほとんど同じである。武蔵野台地の北部は標高があまり高くないためだ。黒目川を越えると標高は一段低くなり、標高20メートル前後の台地を走っていく。

北東側3〜5キロ先に並行して荒川と新河岸川が流れる。新河岸川は江戸と川越を結ぶ船が盛んに行き交った川だったが、東武東上線（開業時は東上鉄道）や、明治39年開業の川越電気鉄道（昭和16年廃止）により舟運は廃《すた》れていった。上福岡の先で新河岸川支流の不老川の低地に出て、そこから少し標高を上げて川越に至る。

再び西武鉄道の路線に戻って同新宿線も見ておこう。高田馬場―東村山間が昭和2（1927）年の開業で、小田急と同じ昭和初期世代に属する（高田馬場―西武新宿間は昭和27年開業）。ただしその先の東村山―本川越間は明治28年に開業している。郊外のほうが先に開業した形となるのは、東村山まで国分寺からの西武国分寺線が明治27年というかなり早い時期に開業しているためである。川越へは高田馬場方面からではなく、国分寺から東村山経由の直通列車が走っていた。

西武新宿から高田馬場までは山手線に沿って進む。平坦地に感じて気づきにくいが、この両駅は標高差が10メートルもある。山手線一周のなかで、線路の標高が最も高い所が新宿―新大久保間、山手線が中央線を跨ぐ部分であり、まさに西武新宿駅のすぐ近くである。

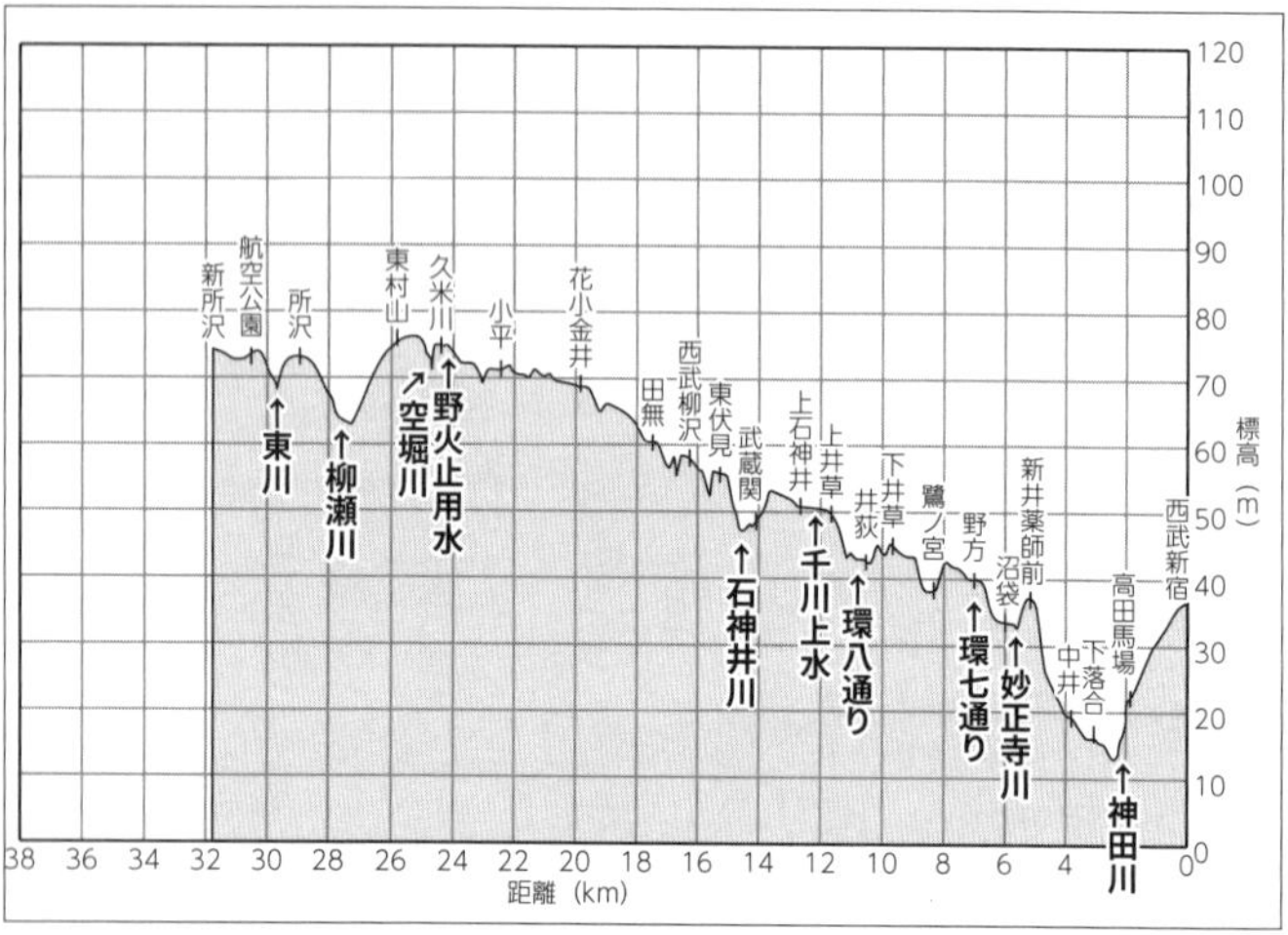

西武新宿線断面図

高田馬場を出ると神田川の深い谷へと急勾配で下っていく。

　そこから東村山まで上り続ける。途中に妙正寺《みょうしょうじ》川（神田川支流）、石神井川の谷を横切るが、源流に比較的近いため谷は深くない。江戸時代の千川上水、野火止用水はここでも尾根部分でクロスしている。東村山駅の先で柳瀬川の谷を越えて所沢に至っている。

　掲載の断面図の範囲外となるが、新所沢から先、狭山市（標高約70メートル）までは台地上の平坦地を北西に進む。狭山市付近からは、左手数キロ先に並行して入間川が流れるなか、台地上を本川越（標高約19メートル）へと下っていく。

4-4 東急田園都市線――多摩丘陵の複雑な凸凹を進む昭和戦後世代路線

最後に昭和戦後世代として東急田園都市線の断面図を取り上げてみよう。渋谷から二子玉川までは明治40年開業、昭和2年に溝ノ口（現溝の口）まで延伸した。玉川通りなどの路面を走る区間が長く「玉電《たまでん》」として親しまれた路線である。昭和44年に廃止され、昭和52年ほぼ同地点の地下を走る路線として新たに開業している。この区間は武蔵野台地を走り、渋谷の谷と目黒川の谷が途中にあるものの地形は比較的単純である。

溝の口から先は、長津田までが昭和41年に開業し、昭和59年中央林間まで延伸した。多摩丘陵の東端近く細かい丘が東西に延びている中、線路はそこを南北に突っ切っている。そのため上り下りを繰り返す。だが丘陵の端近くで標高が低いせいもあり、短いトンネルは何カ所かあるものの、小田急線玉川学園前付近のような山中のトンネルといった雰囲気の所はない。

田園都市線は地形の断面図上でも、都内の渋谷―二子玉川は大正世代以前、神奈川県内

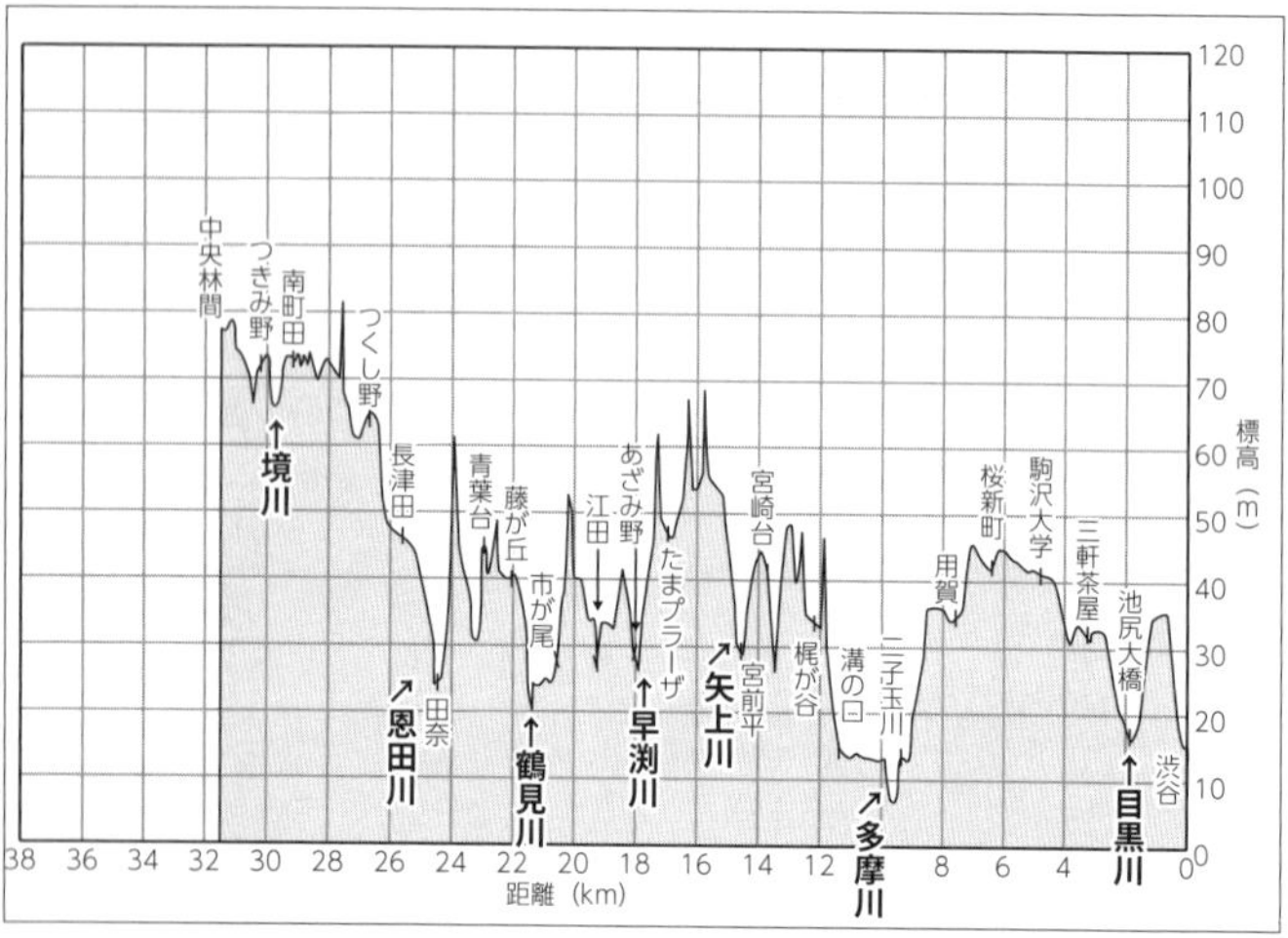

東急田園都市線断面図

（一部東京都町田市）の溝の口―中央林間間は、昭和初期世代以降の特徴をよく表しているといえるだろう

東急の駅名には、〇〇が丘や〇〇台、〇〇山など、丘、台、山を付けたものが多い。田園都市線にも宮崎台、藤が丘、青葉台、すずかけ台といった駅がある。

以前上梓した『地形を感じる！　駅名の秘密　東京周辺』で詳しく検討したが、こうした駅名は住宅地として好イメージとなるので、周囲より高い所になくてもそう名付けている例が多くある。代表的な例では、東横線自由が丘駅は谷に位置している。駅前を今は暗渠となった九品仏《くほんぶつ》川が流れていた。昭和4年にそれまでの九品仏を自由ケ丘（昭和41年より自由が丘）へと改名した

用賀―二子玉川間、国分寺崖線地点で線路は崖下へと顔を出す

ものだ。ただし駅の両側は丘になっていて、丘に住む人が利用者となっているので、〇〇が丘駅といわれて違和感を抱く人は少ないようだ。こうした立地の谷間の駅に〇〇丘と名付けたのは東急の発明といえる。

田園都市線の〇〇台や〇〇丘は、おおむねその名の地形どおりの場所にある。自由が丘駅などがある武蔵野台地と異なり、多摩丘陵の場合凸凹地形が概して険しく複雑なので、駅が谷底にあるのに〇〇台などと付けられていたら、違和感を抱いただろう。

前記の例でも、西武池袋線ひばりヶ丘は落合川の谷の上、東武東上線ときわ台や朝霞台は石神井川や黒目川の谷の上に位置している。小田急では梅ヶ丘が谷にあり、百合ヶ丘は丘の上に位置している。

4-5 中央線通勤電車から見える山 日本百名山が四つも眺められる！

朝の中央線国立駅上り線ホームの立川寄り、晴れた日には電車が来る方向に写真を撮るためスマホを向ける人を何人も見かける。ホームでカメラを構えるとなれば、それは鉄道ファンと決まっていたはずだった。鉄道ファンといえばほとんどが男性。だがここでは若い女性ややもう少し年上の女性が多い。彼女らがスマホを向ける先は、富士山だった。

朝、順光で山肌に光を浴びた富士山の姿は美しい。日中はかすんでくるが、日没前後、夕焼け空を背景にシルエットで浮かぶその姿は、なんともいえず神々しい。これを拝めれば一日の疲れも吹き飛びそうだ。

富士山だけに限らない。意識している人は少ないようだが、このホームからは日本百名山に数えられる名峰が三つも見える。条件がよければ四つ見えるかもしれない。

中央線だけでなく多摩周辺の私鉄路線でも、走行中の車窓から名山の展望が楽しめる区間がいくつかある。

中央線多摩川鉄橋（立川―日野間）からの富士山

まずは朝の中央線に乗って立川から新宿方面へ向かってみよう。高円寺付近までの間で車窓から見える山を列挙すると以下のようになる。

右車窓
・富士山（3776m）★日本百名山・国内最高峰
・蛭《ひる》ヶ岳（1673m）神奈川県最高峰
・丹沢山（1567m）★日本百名山
・大山《おおやま》（1252m）日本三百名山
左車窓
・雲取山（2017m）★日本百名山東京都最高峰
・大洞山《おおぼらやま》（2077m）山梨百名山
・三頭山《みとうさん》（1531m）山梨百名山
・大岳山《おおだけさん》（1267m）日本二百名山

大山～丹沢方面の展望（中央線線路近く国分寺駅付近のビルから）

右車窓とは、東京方面に向かって右側、左車窓はその反対側だ。

国立駅からはこれらの山がすべて見えるほか、車窓から見えない大菩薩嶺《だいぼさつれい》もたぶん見える（理由は後述）。

・大菩薩嶺（２０５７ｍ）★日本百名山

中央線立川―三鷹間は平成22（２０１０）年に高架化された。国立駅ホームもこの時に高架となった。これまで都内周辺では、車窓から山の姿が次々と消滅してきた。高いビルがどんどんできて視界が遮られてしまったためである。私が子どもの頃の昭和40年代には山手線五反田―目黒間で富士山が見えていたが、たいぶ昔に見えなくなった。ところが中央線のこの区間では高架化により好展望の出現となった。同様のこ

とは同じく近年高架化された西武池袋線、小田急線、京浜急行でもいえる。
　とくに立川―国立間は高いビルが比較的少なく、右車窓、左車窓とも屈指の好展望区間である。国立駅に降り立つと富士山の存在感はやはり圧倒的だ。富士山の南側（左側）、日本百名山の一つ丹沢山、蛭ヶ岳、塔ノ岳などが連なる丹沢山地が続く。ビルの間には一番南側の大山が顔をのぞかせている。大山はケーブルカーもあるので登ったことのある方も多いだろう。立川から高円寺までの間、数カ所で丹沢山から大山までの連なりが右側車窓から見える。南端の大山のすそ野が平地へと溶け込んでいく稜線の緩やかなカーブは個人的に最も好きな部分で、夕暮れ時など官能的に感じられるほど惚れ惚れさせられる。
　線路を挟んで反対側はあまり注目されないが、こちらも名峰が連なっている。目立つのは山頂が突き出るように尖がった大岳山だ。青梅線御嶽《みたけ》駅近くから御岳登山ケーブルで登る御岳山の、すぐ南側の山である。とくに注目すべきがその右側奥、東京都最高峰、日本百名山にも選ばれている雲取山。「はじめに」でも述べたが、都民にとっては小学生の時、「東京都にも2000メートル級の山がある」と教わる特別の山である

さらにもう一つ日本百名山の大菩薩嶺が近くにひかえている。国立からは真西近くの方向にあたる。中央線の線路は中野―立川間で真東から真西に延びているので、車窓からはとてもみにくい角度となる。運転席の後ろの窓に陣取れば、見えるかもしれない。晴れた日に国立駅ホームから大菩薩嶺を何度か確認しようとしたが、手前の三頭山《みとうさん》に隠れて分かりづらい。各標高データから理論上は上部が少しだけ見えるはずだが、見えたような気がするものの確信がもてなかった。

中央線沿線では、立川―国立間、国分寺―武蔵小金井間、東小金井―武蔵境間、吉祥寺―西荻窪間などでとくにこれらの山々がよく見える（一部見えない山もある）。阿佐ヶ谷駅ホームからも富士山の眺めがいい。

山は薄く霞がかかっていると遠いように見え、空気が澄んでいる時は驚くほど近くに感じることがある。同じ山でも見え方が全然違う。だから毎日見ていても飽きることがない。また冬は見える日が多く、他の季節は晴れていても霞んでよく見えない時が多くなる。

立川―阿佐ヶ谷間の例を挙げたが、もっと富士山や奥多摩の山に近づいた京王高尾線の

大岳山～雲取山方面の展望（中央線線路近く国分寺駅付近のビルから）

京王片倉など、里山的風景の中で山々がよく見える。だが富士山の手前の山が近いためそれらが大きく見え、富士山がその後ろで顔を出す部分が少ない。富士山の存在感が薄れ、迫力に欠けてしまうのである。

このほか多摩都市モノレールも山の展望を楽しむにはうってつけの路線である。

北方向にある日本百名山の日光連山（男体山など）、赤城山、浅間山が見えないかと、晴れた冬の日何度か中央線立川―三鷹間などの車窓から注視したが、一瞬建物の間から見えたような気がしたもののどうだろうか。

西武池袋線の高架区間では見えるかもしれないが、二度ほど冬の晴れた日に乗ってみたが確認できなかった。

4-6 天の恵みの川で帝都復興!? 多摩川へと各地で延びていた砂利鉄道

多摩川が日本一の川だったことがある、というと誰も信じてくれないかもしれない。いい方を少し変えて、多摩川で産するものが日本一の量だった、といったらどうだろうか。多摩川は長さも流域面積も流水量も大河川とはいえない。鮎やコイやウナギの漁獲高といったものではない。それは砂利の産出量だった。

とくに大正12（1923）年の関東大震災後の帝都復興において、多摩川の砂利が多く使われた。大正時代はそれまでのレンガに代わってコンクリートの建造物が盛んに作られ始めた時期である。左表が示すように、関東地方の河川の中で砂利生産量は多摩川が飛び抜けて多い。大正11年に比べ同14年の生産量がすべての川で増えているのは、震災復興での砂利需要が増加したことを示している。

当時のコンクリートはセメント1、砂3、砂利6の割合で混ぜ合わせて作られた。砂利の比率が高いので、コンクリートの使用量が多くなれば砂利も大量に必要になる。砂利は川原にたくさん転がっているが、どこのものでもいいわけではなかった。コンクリート用としては適度な弾力性を有する硬砂岩が良質とされた。当時の土木研究者にとって、砂と砂利で組成の9割も占めるコンクリートというものが本当に頑丈なのか、構造物を十分に支えられるのかは重要なテーマだった。当時の土木関係の専門誌を見ると、良質とされるイギリス各地の川の砂利に組成が近いのは日本のどこの川の砂利なのかといった研究結果が数多く掲載されている。

そうした研究により、荒川など他の川に比べ、多摩川の砂利には硬砂岩がたくさん含ま

表2　関東の河川別砂利生産量（万トン）

	大正11年度	大正14年度
多摩川	115	145
相模川	38	83
荒川	20	36
入間川	22	41
思川	7	12
秋山川	15	20
神流川	4	20
利根川	10	14
渡良瀬川	2	5
その他	17	4
計	250	380

『関東砂利変遷記』より

表3　砂利の駅別発送数量（大正13年）（トン）

京王電軌	全体	58,290
多摩鉄道	常久	118,223
	是政	26,219
下河原線	国分寺	235,199
多摩川支線		217,312
中央線	立川	38,459
	日野	12,234
青梅鉄道	拝島	61,479
	福生	57,313
	羽村	59,744
	小作	80,795
	青梅	12,869
	宮ノ平	5,024
	日向和田	6,266
	二俣尾	13,947

東京鉄道局運輸課「砂利に関する調査統計表」（『多摩川誌別巻統計資料』より）

れ、首都圏では多摩川の砂利が最も適していることが分かった。採掘面では、砂利の堆積層が厚く広いこと、川床が平坦であることが重要だったが、この条件も多摩川はよく満たしていた。さらにいいことに大消費地、東京に近いので運搬距離が短くて済む。多摩川はこの時代、まさに天の恵みのような川だったのである。

大正末頃の例では、多摩川を渡る鉄道の多くが砂利を貨物列車などで運搬している。そもそも敷設の目的が砂利輸送だった路線もある。河川内の砂利などすぐに掘り尽くしてしまい、わざわざ鉄道を敷いても見合わないのでは、と思う方も多いだろう。だがたとえば、京王電気軌道（現京王電鉄）の会社創立趣意書には次のような言葉が出てくる。

「（多摩川の）河床は東京市における道路用建築用として欠くべからざる砂利を無尽蔵に供給し、すなわち本会社は副業としてこれの採掘販売を営むべく（中略、会社に利益をもたらし砂利相場も大量生産で低廉化させ）市民に貢献すること莫大なるべしと信ず」

当時の感覚では、広い川原に大量にある砂利は、「無尽蔵」に感じるほどだった。似たような言葉は他社の創立趣意書にも見られる。その一つの理由として、砂利は川原にあるものだけではないこともあった。多摩川は太古の昔から流れる場所を変えてきた暴れ川である。現在は堤防の住宅地側であっても昔は川原だった所の面積が広い。そこにも大量の砂利が埋蔵されていた。そうした場所での砂利採掘は「陸掘《おかぼ》り」と呼ばれた。昭和9年に

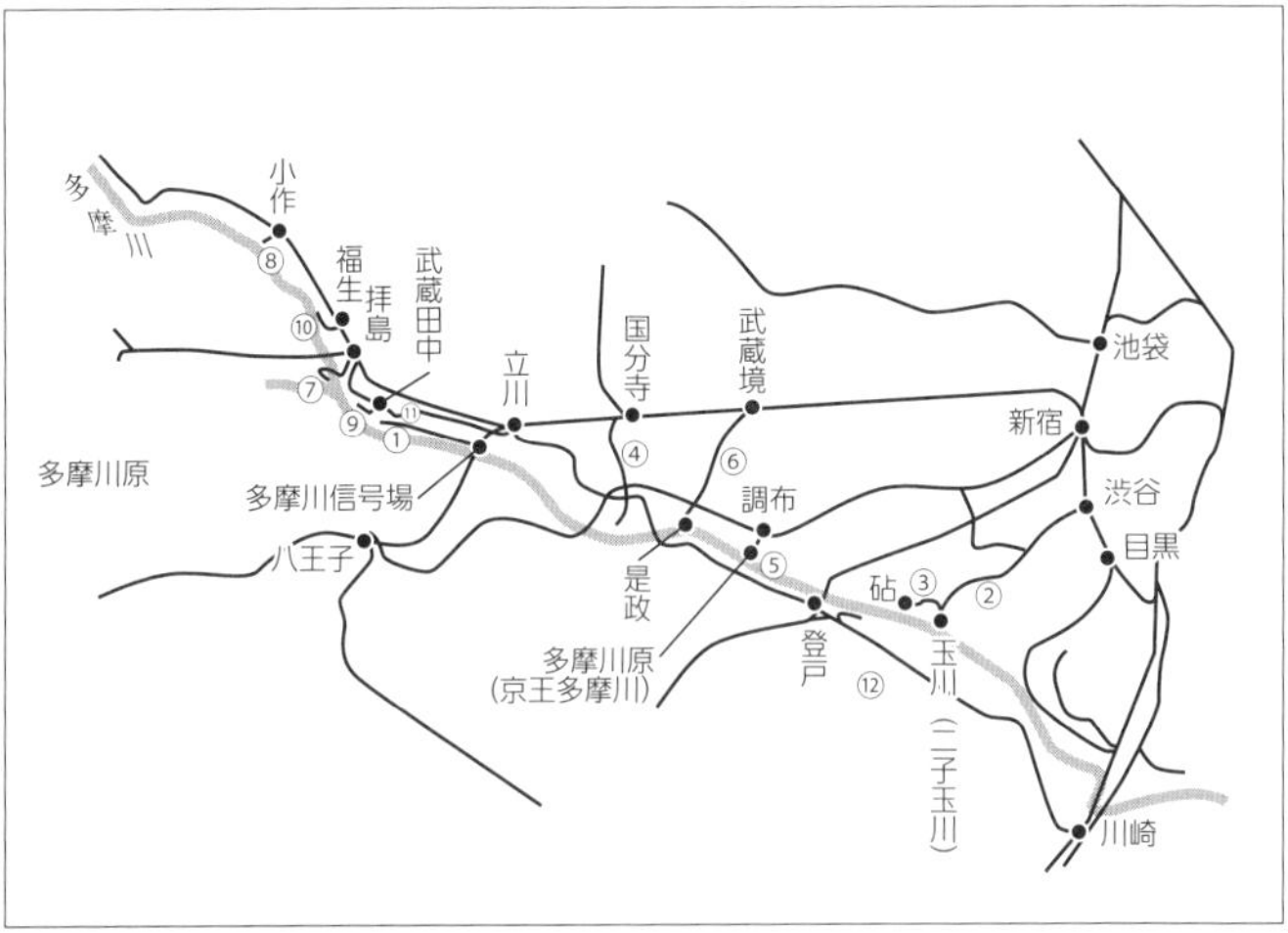

多摩川の経路別砂利輸送鉄道

表４　多摩川の主な砂利運搬鉄道

	路線	区間	開業年	現在／()は廃止時
①	中央線多摩川支線	多摩川信号場ー多摩川原	明治 38 年	(国有化)
②	玉川電気鉄道	渋谷ー玉川（現二子玉川）	明治 40 年	(東急玉川線)
③	玉川電気鉄道	玉川ー砧	大正 13 年	(東急砧線)
④	東京砂利鉄道	国分寺ー下河原	明治 43 年	(国鉄下川原線)
⑤	京王電気軌道	調布ー多摩川原（現京王多摩川）	大正５年	京王電鉄
⑥	多摩鉄道	境（現武蔵境）ー是政	大正6～11 年	西武多摩川線
⑦	東京府営熊川砂利軌道	拝島ー睦橋付近	大正 10 年	
⑧	東京市専用線	小作ー河岸	大正 10 年	
⑨	多摩川砂利木材鉄道	多摩川原ー（拝島村）	大正 13 年	
⑩	青梅鉄道福生支線	福生ー福生河原	昭和初期頃	(国鉄青梅線)
⑪	五日市鉄道	武蔵田中ー拝島多摩川	昭和６年	(国有化)
⑫	南武鉄道	川崎ー立川	昭和2～4年	ＪＲ南武線

多摩川信号場は立川ー日野間多摩川鉄橋の立川方

多摩川河川内（堤防の川が流れる側）の砂利乱掘の取り締まりが実施されてからは、陸掘りが盛んに行われた。

砂利鉄道現役路線と廃線跡

砂利を運んでいた路線を述べていこう。代表例が西武多摩川線である。JR中央線武蔵境から多摩川に向けて南へ8キロ、是政《これまさ》まで伸びる線である。是政の一つ手前の競艇場前駅には多摩川競艇場、是政の近くには東京競馬場があり、そのために敷かれた鉄道と思っている人もいるようだがそうではない。競艇場前（当時の駅名は常久《つねひさ》）からは大正13年に年間11万8000トンの砂利が運び出されている。現在の多摩川競艇場は、陸掘りされた穴に水が溜まったものを戦後に整備してオープンしたものである。

京王相模原線も砂利運搬が敷設のきっかけだった。同線は本線との分岐駅の調布から次の京王多摩川（当時の駅名は多摩川原）まで大正5年に開業。その先多摩川を渡って京王よみうりランドまで延伸したのは昭和46年で55年も後になる。多摩川原駅からは大正13年5万8000トンの砂利を発送した。

当時最も多く砂利を運んだのが明治43年に建設された貨物専用私鉄の東京砂利鉄道である。中央線国分寺駅から発して現在の武蔵野線府中本町駅の南側、府中市郷土の森公園の

多摩川での昭和初期の砂利輸送。拝島付近『昭島市民秘蔵写真集』

西側まで延びていた路線である。

大正9年に鉄道省が同社線を採掘権と共に買収し、中央本線の下《しも》河《が》原《わら》支線（通称下河原線）とした。同13年の砂利輸送量は23万5000トンに及んだ。

鉄道省が東京砂利鉄道を買収したのは、東京—上野間をコンクリート高架橋で建設することになり、原料の砂利がそれまで以上に大量に必要となったためである。同区間は東京—新橋間などのような煉瓦造りではなく、初めて完全なコンクリート高架橋を長い距離造るもので、原料を安定的に入手する必要があった。同区間は大正14年に開業する（東京—神田間の中央線線路は大正8年、コンクリート煉瓦貼り高架橋で竣工）。これにより山手線の環状運転開始となる由緒ある区間だが、この区間の山手・京浜東北線の高架橋の中には、今でも下河原線で運ばれた多摩川の砂利がいっぱい詰まっていることになる。下河原線は昭和9年、東京競馬場前駅への線路を分岐させ、国分寺から旅客輸送も行っている。旅客輸送は昭和48年、国鉄武蔵野線の開通と共に廃止、その後は貨物専用線となり昭和51年に廃止されている。

このほか大手私鉄では東急目黒線（当時は目黒蒲田電鉄）、旧玉川電気鉄道（後に東急）玉川線・砧線（現二子玉川―渋谷間ほか）、昭和に入ってからは東急東横線（当時は東京横浜電鉄）も砂利を運ぶ貨車が運行され、渋谷駅には砂利の積み卸し場があった（『東京急行電鉄50年史』）。

多摩地域の採掘場からは、五日市鉄道（現JR青梅線とは別に立川―拝島間で南側に並行して延びていた路線などで立川―拝島・拝島多摩川など）、JR南武線（当時は南武鉄道、敷設免許申請時の名称は多摩川砂利鉄道）、JR青梅線（同青梅鉄道）なども多摩川沿いへの専用線を延ばし砂利を輸送している。

南武線は宿河原《しゅくがわら》駅付近から多摩川への専用線、青梅線は福生《ふっさ》駅、小作《おざく》駅などから同専用線が延びていた。中央線でも立川―日野間の多摩川鉄橋付近から同専用線が上流側に延び、多摩川原（貨物駅）で私鉄の多摩川砂利木材鉄道に接続していた。多摩川砂利木材鉄道は多摩川河畔に現在の八高線鉄橋の上流側まで線路を延ばしている。また上記以外にも拝島

砂利運搬用の中央線支線など（時系列地形図閲覧サイト「今昔マップ on the web」（©谷謙二）より「今昔マップ 首都 1927−39」を使用して作成）

昭和10年の拝島～福生付近（時系列地形図閲覧サイト「今昔マップ on the web」（©谷謙二）より「今昔マップ 首都 1927－39」を使用して作成）

―青梅間には小規模の専用線が数本敷かれていた。

こうして見てくると、多摩川周辺のほとんどの鉄道路線が砂利輸送を行っているなかで、小田急と京急のみが例外となる。京急は砂利がたいして採れなかったためだろう（流れが穏やかな下流のため砂利が運ばれて来にくい）。小田急は多摩川の砂利こそ輸送していなかったものの、相模川の砂利輸送に活躍している。登戸―向ヶ丘遊園間に敷設した南武鉄道に接続する連絡線を通って相模川の砂利を川崎方面へと運んでいる。

また西武鉄道では、本川越の一つ手前の南大塚から入間川の川原近くまで貨物専用線（安比奈《あひな》線、砂利輸送は大正14年～昭和39年頃、以後休止路線、平成29年正式に廃止）を延ばし、入間川の砂利を輸送していた。

これら各方面からの砂利が東京市中へと集められ、コンクリートを使った町並ができあがっていったのである。

時代を経るに連れ多摩川では各地で砂利を掘り尽くし、採掘場はしだいに上流へと移っていった。昭和初期頃からは青梅鉄道（昭和4年青梅電気鉄道に改称）沿線からの採掘量が断然多くなる。戦後の高度経済成長期、砂利の需要は多いものの、無尽蔵だったはずの多摩川の砂利はもはや枯渇していた。供給の主力は他地方の山砂利や砕石に移行した。昭和39年9月、多摩川の砂利採掘は青梅市街付近より下流のすべてで全面的に禁止された。

4-7 国鉄下河原線と青梅鉄道福生支線 緑道あり大築堤ありの廃線跡歩き

砂利鉄道の廃線跡で特徴的な2カ所を訪ねてみよう。最初は現在のJR国分寺駅をターミナルとしていた国鉄下河原線跡である。同線は中央線に沿って西国分寺すぐ手前まで進み、大きく左にカーブしてからは、現在のJR武蔵野線沿いに南へ進んでいた。

武蔵野線北府中と府中本町の中間付近までは、現在下河原線の痕跡はほとんど消えている。その先、武蔵野線が国道20号を横切る付近から、徒歩と自転車専用道の下河原緑道が南へ約3キロ続いている。これが下河原線の跡である。緑道がはじまる付近には線路が敷かれたモニュメントがある。

南へ進むとすぐに高架の京王線をくぐり、その先で府中崖線にぶつかる。JR南武線が崖線下を崖に沿って走っているので、下河原線は南武線を跨いでから下り勾配で崖下の低地へと下りていく。下河原線の方がこれら両線より先に開業していて、交差の仕方は線路だった時代と変わらない。両側は住宅地の中に時おり水田が見られる光景が続く。途中約

国鉄下河原線廃線跡

下河原線東京競馬場前駅、昭和48年廃止前日（左）と現在の同地（右）

1キロの所で左（東）に分かれる緑道が現れる。そちらへ進むと約500メートルで武蔵野線の線路が見えてくる。そのすぐ手前が東京競馬場前駅跡である。前述のように同駅は昭和9年の開業で、同48年まで国分寺から旅客電車が走っていた。

先ほどの分岐点をまっすぐ進むと、さらに緑道は2キロほど続く。この区間は貨物列車だけが走っていた。左手にサントリー武蔵野ブルワリー（ビール工場）を見た後、多摩川にぶつかる手前で右に大きく曲がり多摩川とは並行する形で進む。広大だった砂利採掘場の地は、都営住宅や工場などになっていて、かつての面影はない。

緑道の終点からさらにまっすぐ500メートル歩けば京王線中河原駅に出られる。この線で運んだ都心の高架橋に今も詰まる砂利に思いをはせながら、のんびりと歩いてみたい。

下河原緑道は近所の住民など歩く人が比較的多いのに対し、もう1カ所は穴場的であまり知られていない廃線跡である。

JR青梅線福生駅から線路に並行する道を青梅方向へ200メートルほど進むと、左にカーブして多摩川方向へと分かれていく道に出会う。それが青梅鉄道福生支線の跡である。福生第四小学校の前を通り加美上水橋で玉川上水を渡る。ここまでは今や何の変哲もない道になっている。その先すぐに多摩川の堤防が現れる。

ここから先、わずか数百メートルながら廃線跡歩きファンには嬉しい光景が広がる。い

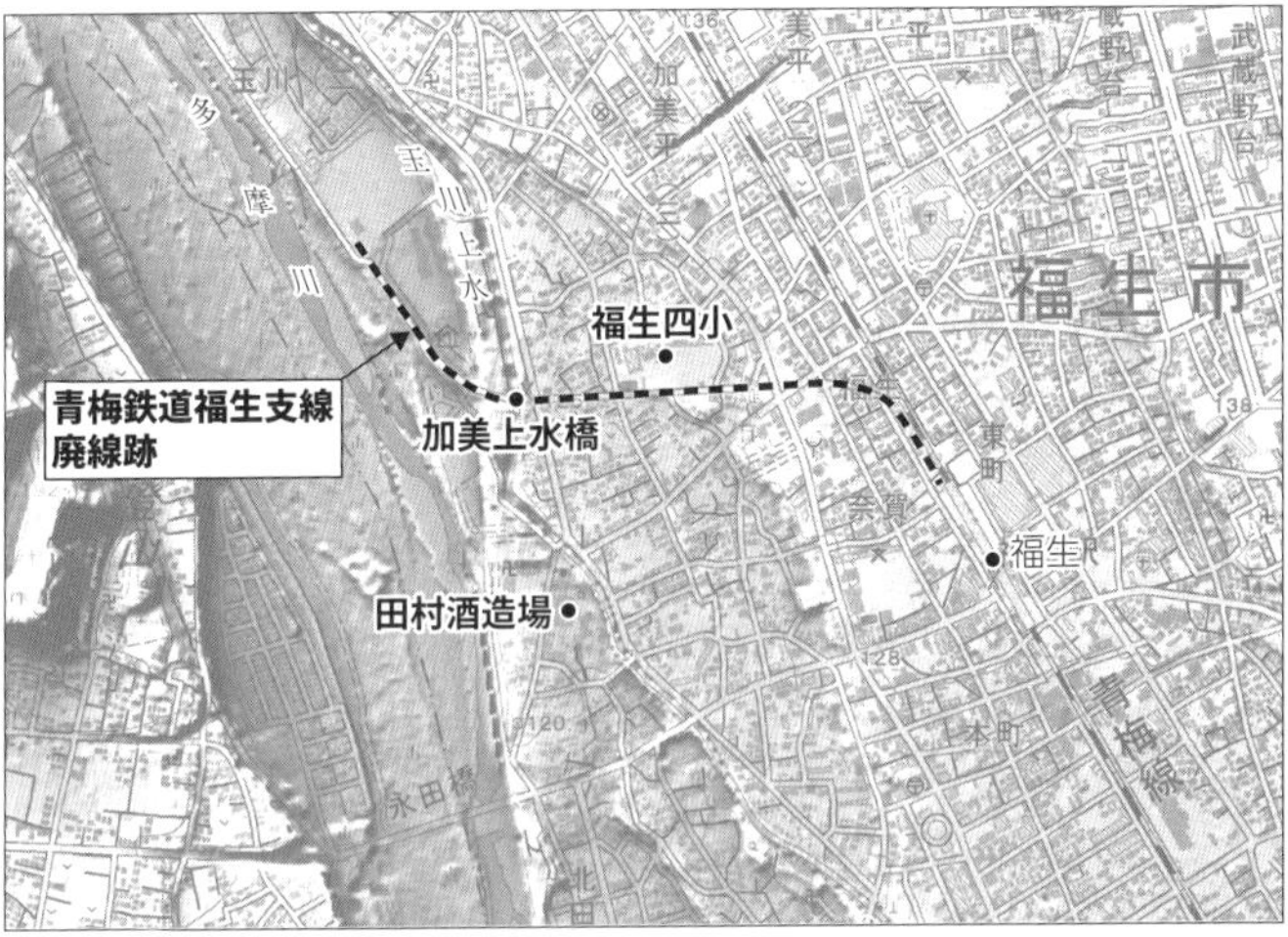

砂利運搬用の青梅鉄道福生支線

かにも線路跡といった風情の大築堤が、緩やかにカーブを描きながら河原方向へと延びている。玉川上水を渡る付近は視界の開けない窮屈な光景の中を進んでいたが、この築堤に至ると周囲の山と川が見渡せて晴れやかな気分になる。築堤上は自転車道になっていて、次第に河川敷へと下っていく。その勾配の度合いも、鉄道の築堤らしさを感じさせる。採掘場だった付近は市営球場などになっている。

　駅への帰り道、緩やかな上り坂となる線路跡の道を戻りながら、古《いにしえ》の光景を想像した。河原は周囲より低地なので、砂利を積んだ貨物列車は、そこから上り勾配を進んでいく。砂利鉄道の多くは線路規格が低いので大型の強力な機関車は入線できない。

青梅鉄道福生支線跡の大築堤。レールははずされたが河原へと延びている

機関車の性能も今よりずっと低かったので、一列車で運べるのは貨車数両程度だった。ディーゼル機関車がエンジン音を響かせながらこの道をノロノロと進んだだろう。

これは砂利鉄道の宿命のようなもので、その反対が石炭などの鉱山鉄道である。鉱山は多くの場合山間部にあり、そこから港や工場へと鉱石を満載した貨車が下っていく。復路は軽くなった空車が上り坂を進む形である。福生支線を歩いていると、福生駅までの区間が短く単調なため、典型的な例として以上のことを実感させてくれた。

ここまで来たらすぐ近く（加美上水橋から玉川上水沿いに徒歩7分）の田村酒造場を訪れて、福生の地酒を買って帰るのもいい（酒蔵見学は予約が必要）。

4-8 私鉄遊園地の興亡——幽邃郷多摩川 摩天楼、京王閣誕生

昭和の戦前、「(砂利供給の)恵みの川」だった多摩川は、同時に人々の遊興の地でもあった。とくに東急、小田急、京王の各線が多摩川を渡る付近は、今とはイメージがだいぶ異なり、町に住む人たちが休日に出かけるレジャーの地といった雰囲気があった。

昭和9年、玉川電気鉄道(後に東急が買収、現在の田園都市線渋谷—二子玉川間などの地上ルートを走っていた)は沿線の魅力を広告で次のように謳《うた》っている。

「幽邃境《ゆうすいきょう》玉川!御遊覧は玉川電車で」

幽邃境といっても奥多摩付近の多摩川を指すのではなく、世田谷区の玉川(現二子玉川)のことを述べている。このメインコピーに続き、魅力を詳しく説明している。

「春は遠足にお花見に、夏は鮎釣、有名な玉川プールをはじめ貸しボート、屋形船、無料納涼船など…、秋は玉川の丘、川向こうの津田山付近の紅葉がとてもきれいです。栗拾い、初茸狩り、名産梨と柿が枝もたわわに熟れており、団体やご家族連れの芋掘り競争など、

尽《つ》きせぬご団欒《だんらん》に秋色が満喫されます。冬は二子橋付近多摩川両岸武蔵野の冬景色が料亭の炬燵《こたつ》から杯を傾けつつ眺められます」（一部文面省略）。

現在の二子玉川付近は、タワーマンションが立ち都内でも有数のお洒落な町となっているが、当時は納涼船、芋掘り競争、料亭の炬燵から秩父連山の冬景色を楽しむために訪れる地だった。幽邃境といってもあながち嘘ではなかったのだろう。

私の経験でも、昭和30年代後半、品川区大崎の幼稚園の遠足先は、東急池上線と大井町線（当時は田園都市線）を乗り継いで行く二子玉川の河原だった。たぶん河原で鬼ごっこなどで遊んで、ふだん見かけるオタマジャクシよりずっと大きなオタマジャクシ（食用ガエルか何かだったろうか）を見つけて喜び、川原でお弁当を食べて帰ってきたのをかすかに覚えている。二子玉川が遠足先となったのは、戦前からの幽邃境イメージの伝統が残っていたためだと思う。ちょうどその頃から多摩川は汚染が激しくなり、遊びにいく所ではなくなり、そうした伝統も消えていった。

郊外電車に乗って、家族の健全な遊び場へ

多摩川が幽邃境だった時代、多摩川沿いには私鉄各社により遊園地が作られていった。「休みの日は家族揃って近郊へ電車で手軽に遊びにでかける」、都市社会でのこうした生活

スタイルを電鉄会社が先導する形である。多摩川沿いの遊園地を時代順に並べると以下のとおりである。

・玉川第二遊園地（後の二子玉川園）…大正11年開園。最寄り駅は現東急二子玉川駅。玉川電気鉄道が他社へ業務委託

・多摩川園…大正14年開園。最寄り駅は現東急多摩川駅。目黒蒲田電鉄（現東急）系会社による付帯事業

・京王閣…昭和2年開園。最寄り駅は現京王多摩川駅。京王電気軌道の直営

・向ヶ丘遊園…昭和2年開園。最寄り駅は現小田急向ヶ丘遊園駅。小田原急行電鉄による付帯事業

大正11年から昭和2年にかけて、東京周辺には第一次遊園地建設ブームが到来していた。王子電気軌道（現都電荒川線）沿線のあらかわ遊園が大正11年、東上鉄道（現東武）沿線の兎月園《とげつえん》が大正13年、京成沿線の谷津遊園が大正14年、武蔵野鉄道（現西武）沿線の豊島園（現としまえん）が大正15年の開園などである。またそれ以前にも大正3年に京浜電鉄（現京急）沿線に花月園が開園している。

多摩川沿いの上記四つの遊園地が鉄道会社直営や系列会社によるものだったのに対し、豊島園、花月園、兎月園は、当初鉄道会社と無関係だったりせいぜい協賛企業として関わ

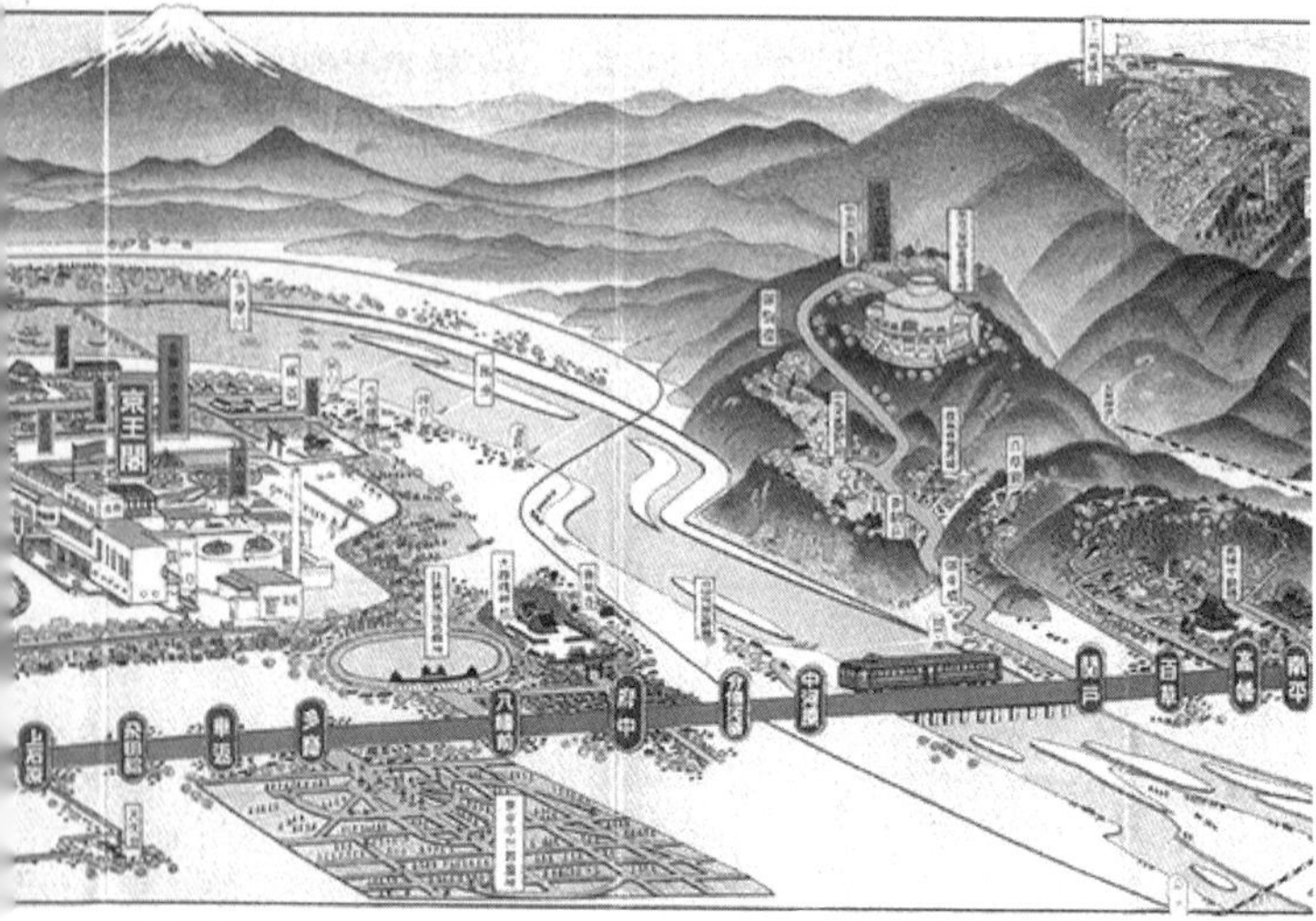

ている

っていたりする程度である。

東京周辺での遊園地建設ブームの元となったのは、関西での箕面《みのお》有馬《ありま》電気軌道（現阪急電鉄）専務、小林一三《いちぞう》による宝塚の開発である。それまで古くからの湯治場的温泉地だった宝塚に大理石造りの大浴場と家族向けの温泉施設「宝塚新温泉」を明治44年に開場、さらに遊園地と大劇場を開設し発展させた。沿線に遊興の地を開発して電車の利用を多くする手法は、阪急グループの創始者となる小林の発案として名高い。東京の私鉄はそれに倣ったわけである。

　京王電気軌道が力を入れた京王閣を見てみよう。園内にはドイツ風の大浴場やメリーゴーランド、ボート池ほか多数の遊戯、休憩施設があり、開園当時の案内には、

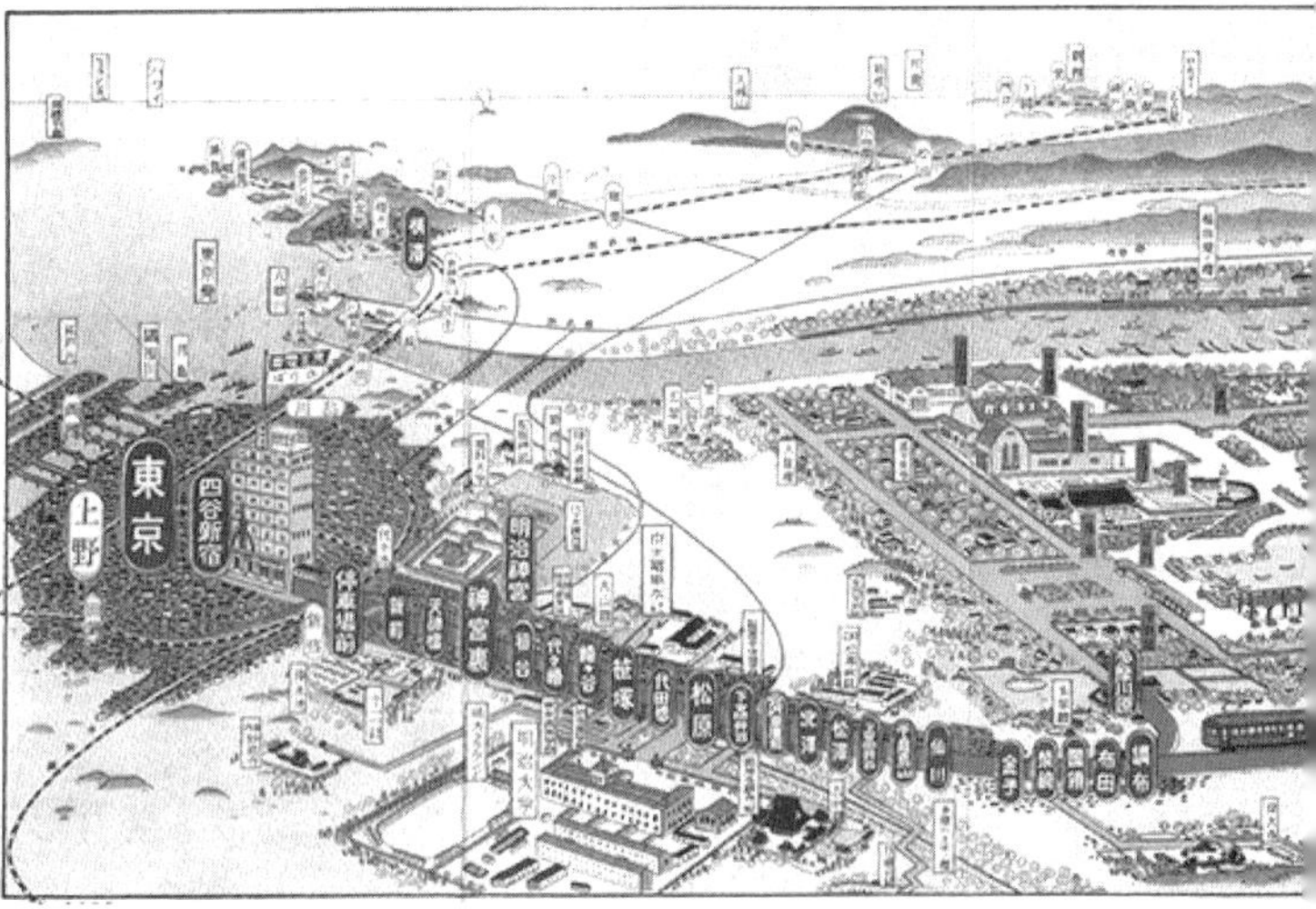

「京王電車沿線名所図絵」（部分）吉田初三郎、昭和５年。京王閣を誇張して描い

「（京王閣は）武蔵野の大望楼、多摩河畔の摩天楼と申しても過言ではございますまい。これまではせっかく多摩川へいらしても、ご家族連れで料理屋へ上るわけにはいかなかったのですが、ここに初めて理想的な品のよい落ち着いたお休み所ができたわけです」

　とある。明治時代まで多摩川沿いなど遊興の地は、旦那衆が芸伎を連れて風景を愛でながら飲食し遊ぶといった所だった。その点電鉄会社の遊園地は、子ども向けという点で画期的だった。

　京王電気軌道の中興の祖とされる井上篤太郎は、毎日自宅で朝食の最中に書生に会社へ電話をかけさせ、前日の鉄道事業の旅客収入と京王閣の入園者数を読み上げさせたという。

　戦後は昭和25年の西武園遊園地を皮切りに、東京周辺に第二次遊園地建設ブームが起きる。昭和40年までの間に後楽園ゆうえんち（現東京ドームシティアトラクションズ）、多摩動物公園、よみうりランド、こどもの国など10を超える施設が開園した。そのほとんどが非鉄道会社系のものである。多摩川のような遊興の地ではなく、林野を切り開いたり（よみうりランドなど）、軍の施設だった土地を活用したり（こどもの国）する例がほとんどである。そのせいと言い切るわけではないが、この時に開園した施設の半分ほどはすでに閉園している。

　京王閣も終戦から間もない昭和22年に売却されてしまう。京王電気軌道は戦時中、国の圧力を受けて東急に合併され、昭和23年まで「大東急」となっていた。売却が行われたのはその時代だった。跡地が現在の京王閣競輪場である。

　多摩川園と二子玉川園が幕を閉じたのは、多摩川の汚染が進んだ時期であると共に、バブル景気前夜でもあった。現在は多摩川園が田園調布せせらぎ公園、二子玉川園が二子玉川ライズ（タワーマンションなど）になっている。とくに後者は東急不動産による大規模再開発だが、大正時代の遊園地、平成時代の二子玉川ライズと、業態はまったく異なるが、ある意味電鉄系会社のフラッグシップ的施設であり続けていることでは変わらない。

表5　鉄道会社と主な遊園地（東京周辺）

	名称	最寄駅	開園	閉園	注
東急電鉄関連	玉川遊園地	(瀬田)	明治 42	昭和 17 頃	1
	二子玉川園	二子玉川	大正 11	昭和 60	2
	多摩川園	多摩川	大正 14	昭和 54	
小田急電鉄関連	向ヶ丘遊園	向ヶ丘遊園	昭和 2	平成 14	
	御殿場ファミリーランド	御殿場	昭和 49	平成 11	
京王電鉄関連	京王閣	京王多摩川	昭和 2	昭和 19	
	京王百花苑	京王多摩川	昭和 31	平成 5	3
	京王百草園	百草園	昭和 32	営業中	4
	多摩動物公園	多摩動物公園	昭和 33	営業中	5
西武鉄道関連	新宿園	新宿	大正 12	大正 15	6
	としまえん	豊島園	大正 15	営業中	7
	西武園ゆうえんち	西武遊園地	昭和 25	営業中	
	ユネスコ村	西武球場前	昭和 26	平成 2	
	横浜・八景島シーパラダイス	八景島	平成 5	営業中	8
青梅鉄道関連	青梅楽々園	石神前	大正 10	不明	
王子電気軌道関連	あらかわ遊園	荒川遊園地前	大正 11	営業中	9
東武鉄道関連	兎月園	成増	大正 13	昭和 18	
	東武動物公園	東武動物公園	昭和 56	営業中	
	東武ワールドスクウェア	東武ワールドスクウェア	平成 5	営業中	
京急電鉄関連	大師公園	川崎大師	明治 40	開園中	10
	花月園	花月園前	大正 3	昭和 21	11
	京急油壺マリンパーク	三崎口	昭和 43	営業中	
京成電鉄関連	谷津遊園	谷津	大正 14	昭和 57	
	東京ディズニーランド	舞浜	昭和 58	営業中	12
非鉄道会社関連	浅草花やしき	浅草	嘉永 6	営業中	
	東京ドームシティアトラクションズ	水道橋	昭和 30	営業中	13
	多摩テック	平山城址公園	昭和 36	平成 21	
	横浜ドリームランド	(ドリームランド)	昭和 39	平成 14	
	よみうりランド	読売ランド前	昭和 39	営業中	
	こどもの国	こどもの国	昭和 40	営業中	
	東京サマーランド	秋川	昭和 42	営業中	
	さがみ湖リゾート プレジャーフォレスト	相模湖	昭和 47	営業中	14

名称は、現在または閉園時のもの。最寄駅は現在の駅名。() は廃止駅。鉄道会社関連とは、開園時、または途中から鉄道会社が直営、関連会社、有力株主、協賛などとして関わったもの

注
1、当初は、玉川電気鉄道などによる
2、開園時は玉川第二遊園地。玉川電気鉄道が他社へ業務委託
3，開苑当初は東京菖蒲苑。平成 14 より京王フローラルガーデン
4，造営は江戸時代。昭和 32 に京王帝都電鉄が買収
5，京王帝都電鉄が土地と建設費を負担。完成後東京都へ寄付
6、箱根土地㈱による（後の西武鉄道の親会社）
7、当初は非鉄道会社系。昭和 16、武蔵野鉄道（現・西武）が買収
8、西武鉄道グループを中心として事業開始
9、王子電気軌道の一部は、現都電荒川線。現在は荒川区営
10、京浜電気鉄道が開園。現在は川崎市が管理
11、京浜電気鉄道が協賛企業として同園開業に参画。後に競輪場
12、京成電鉄が大株主
13、旧名・後楽園ゆうえんち
14、旧名・さがみ湖ピクニックランド。現在は富士急グループ

4-9 軍用線の代表格の廃線跡 高射砲陣地跡を見ながら緑道を歩く

明治時代の作家、国木田独歩《くにきだどっぽ》の『武蔵野』は、詩情に満ちた自然観察で武蔵野の美しさを語り不朽の名作として名高い。同作品中の「武蔵野に散歩する人は、道に迷うことを苦にしてはならない」の言葉が有名だ。その中にちょっと可愛らしい「茶屋の婆さん」が登場する。

作品の中で、自分（独歩）は明治28年頃の夏、友人と境駅（現中央線武蔵境駅）に降り立った。そこから北へ約８００メートル歩いて玉川上水の桜橋に出た。それを渡ると一軒の掛茶屋があった。そこで店の婆さんに、

「今時分、何しに来ただア」と問われる。

「桜は春咲くこと知らねえだね」とも言われる。

玉川上水沿いは当時桜の名所だったが、桜の花はとうに散っている季節である。自分は、

「散歩に来たのよ、ただ遊びに来たのだ」

と言って、夏の郊外の散歩がどんなに面白いかを説明したが、婆さんはそれを理解しない。

今頃遅れて来て、「東京の人は呑気《のんき》だ」という。

自分はそこで婆さんが剥《む》いてくれた甜瓜《まくわうり》を食べ、茶屋の横を流れる水で顔を洗った。玉川上水から引いた水のようだ。独歩は続けて書く。

「能《よ》く澄んで居て、青草の間を、さも心地よさそうに流れて、おりおりこぼこぼと鳴ては小鳥が来て翼をひたし、喉を湿《うる》おすのを待《まっ》て居るらしい。しかし婆さんは何とも思わないでこの水で朝夕、鍋釜を洗うようであった」

のどかな武蔵野の光景、そこに暮らす人の日常風景がさらりと描かれ心に響く。この作品にちなんで現在武蔵境駅付近から桜橋までの道は、「独歩通り」と名付けられている。

その東側800メートルくらいの所を並行して「グリーンパーク遊歩道」が続いている。昔の線路の跡を遊歩道にした廃線跡の道である。この二つの道は、何の関連性もないのだが、グリーンパーク遊歩道を歩く時、私はつい独歩が付近を歩いた50年後、太平洋戦争中のことに想像を膨らませてしまう。この婆さんの家族、お孫さんたちなどは、無事だったろうかと思いを馳せる。この付近が、徹底的に何度も空襲を受けた特別な場所のためである。

軍の飛行場や軍用機工場が多数あった多摩地区

多摩地区には戦前から戦中にかけて、軍関連の施設が数多く置かれていた。なかでも陸軍の航空機関連のものが多い、その歴史は大正11年、陸軍航空第五大隊が岐阜県の各務《かかみ》ケ原《はら》から立川に移駐してきたことに始まる。同年立川飛行場（現国営昭和記念公園東隣の陸上自衛隊立川駐屯地）が開設、昭和15年には多摩飛行場（現米軍横田基地など）、翌年には調布飛行場が開設されている。

それに付随して航空機の製造工場も多摩地域に多くできた。陸軍直轄の工場として陸軍航空廠（現国営昭和記念公園）、民間の工場（いわゆる軍需工場）では中島飛行機武蔵製作所（後述、現武蔵野市）、日立航空機立川工場（海軍機製造、現東大和市東大和南公園など）、立川飛行機立川工場（現多摩都市モノレール高松駅南東）などである。

とくに中島飛行機武蔵製作所は、特別な存在といえる。理由の第一は、太平洋戦争中アメリカ軍が日本本土の本格的空襲を始める際、最初の標的にしたのが同製作所だったことである。アメリカ軍はサイパンを陥落させマリアナ基地を手にいれて、B29により基地─日本本土間の無着陸往復が可能になった時、日本じゅうに数ある軍事施設の中で、いの一番に同製作所を選んだ。

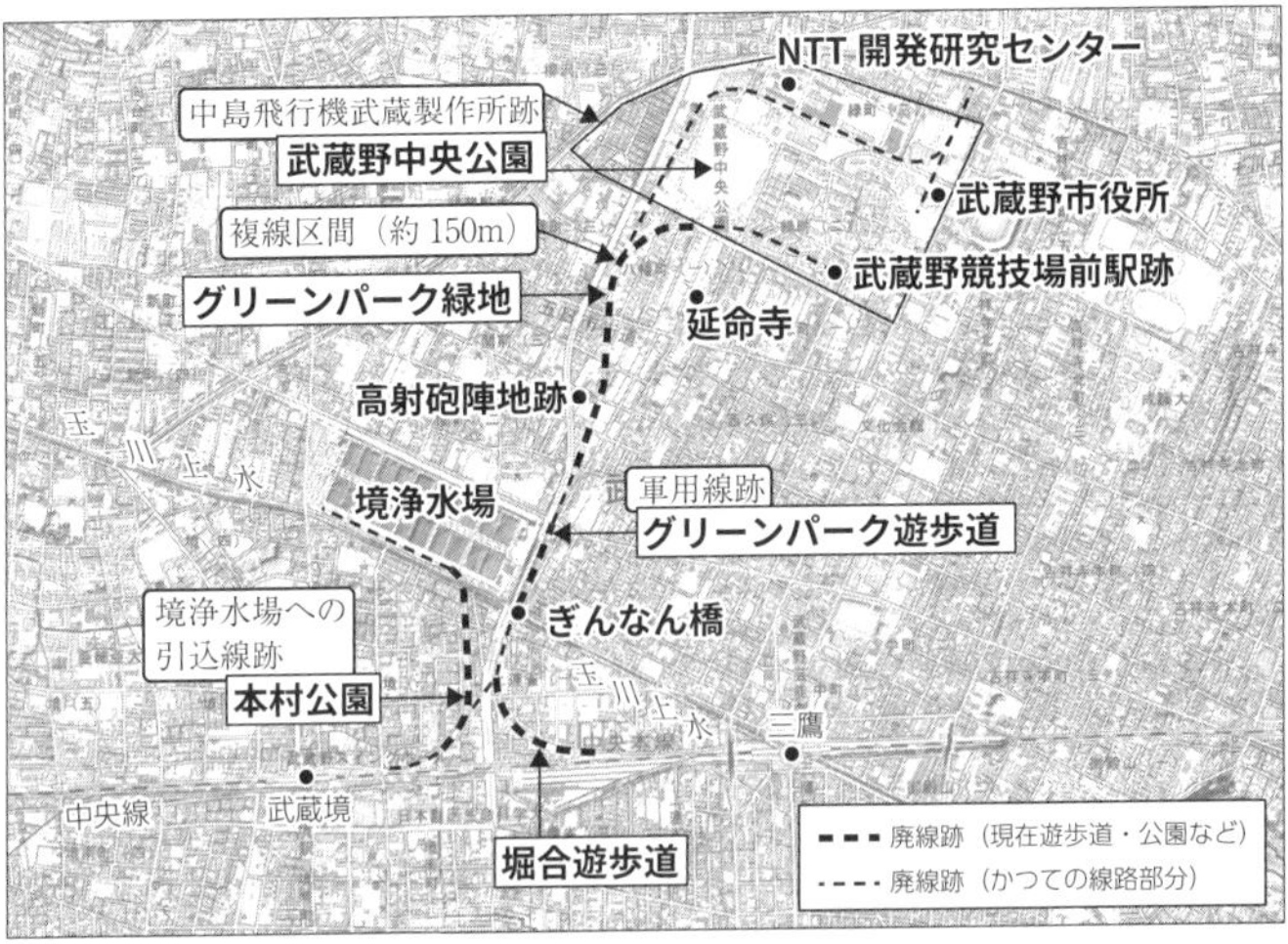

中島飛行機武蔵製作所跡と軍用線跡

第二は、昭和19年11月24日の初空襲から翌年8月の終戦間際まで、同製作所に対し、10回近くにわたって徹底的に空襲を行ったことが挙げられる。

中島飛行機は、陸軍の戦闘機「隼《はやぶさ》」（自社開発）や海軍の戦闘機「ゼロ戦」（三菱重工業からのライセンス生産）をはじめとした多数の軍用機を生産し、三菱重工業と並んで二大航空機メーカーと称された。

中島飛行機武蔵製作所は、昭和13年に操業を開始し、戦時中には東西約1キロ、南北約700メートルという広大な敷地を擁するまでに成長し、主に軍用機のエンジンを生産していた。工場内では最盛期に約4万人が働いていたとされる。

近年、米国側の資料により太平洋戦争時

の空襲記録の研究が進められてきているが、それによれば、「(同製作所は)日本帝国内で最も重要かつ最も堅固な目標に数えられている。1月には、この工場は、合計して約1500の航空発動機を生産したと見積もられたが、これは日本の全生産の38%を占めている。同等の重要度の目標に数えられるのは、名古屋にある三菱の航空発動機工場だけ」(「第509混成軍団、作戦計画の要約」『米軍資料原爆投下の経緯』)

と記され、米軍が同製作所など航空機の主要工場を重要視していたことが分かる。何度も空襲を行った理由は、最初の数回の空襲では日本軍の高射砲が届くことのない高度約1万メートルからの爆弾投下なので、風の影響もあり多くの爆弾が工場の敷地からはずれて着弾したためである。米軍側は最初の空襲を成功とはいえないと公表している。

米軍の空撮による地図で、線路コースが判明

軍関係の工場は、部材や完成品を鉄道で運ぶために、国鉄線路からの引き込み線が敷かれた所が多い。一般に陸海軍の施設や軍需工場への引き込み線を軍用線と呼ぶ。日本全国には多数の軍施設があったので、軍用線も約100路線近くあった。だが、その中でもグリーンパーク遊歩道となっている中島飛行機武蔵製作所への軍用線は、上記のように同製

線路跡の道。右手の公園が高射砲陣地跡

作所の歴史を考えると、軍用線としても特筆すべき所といえるだろう。

現在、中島飛行機武蔵製作所だった地は、都立武蔵野中央公園、UR都市機構の集合住宅、都営武蔵野アパート、武蔵野市役所、NTT武蔵野研究開発センター、市営野球場などになっていて、かつて軍用機工場だった面影はまったくない。唯一過去をはっきり伝えているのが軍用線の廃線跡であるグリーンパーク遊歩道と沿線の史跡である。

実際に軍用線の跡を歩いてみよう。中央線三鷹―武蔵境間では、二つの緑道が線路から分かれるようにして北へ延びている。武蔵境駅方面から延びている本村《ほんむら》公園（という名の遊歩道）が昭和18年、中島飛行機武蔵製作所まで約2キロ敷設された軍用線の始まり部分の線路跡である。その先、軍用線跡は途切れながらもグリーンパーク遊歩道、グリーンパーク緑地と名前を変えながら続く。途中で玉川上水を渡る。新武蔵境通りの広い車道橋（「いちょう橋」）の傍らに歩道橋の「ぎんなん橋」があり、そこにはレールが敷かれている。ここに鉄道が敷かれていたことを示すためである。歩道の脇には鉄道橋時代のコンクリート橋台が一部カットされながら残っているのが見える。

さらに北へ進むと、関前《せきまえ》高射砲陣地跡の案内板が立っている。遊歩道脇に公園があり、かつてその付近に六門の高射砲が置かれていた。

「空襲が次第に艦載機によるものに変わってきたので、高射砲で迎え撃っていたんです」

月刊雑誌『東京人』の取材で、近所の延命寺の住職からこう伺ったことがある。現在ほとんどの人は艦載機と言われてもピンとこないようだが、戦時中に空襲を経験した方にとって、この言葉には独特の思いが込められている。B29のようにサイパンや硫黄島を基地として発着し高度数千メートル以上から焼夷弾《しょういだん》をばらまく大型爆撃機も怖いが、日本付近まで来た航空母艦などに発着する小型の艦載機は低空で襲撃してくる。そのため恐怖心が強く残る。その艦載機を日本軍は高射砲で迎え撃った。昭和20年4月12日の空襲では、この高射砲陣地が被弾し30人近くの兵士が亡くなっている。

空襲の際、工場外に多くの爆弾がそれて落ちたということは、それだけ周辺の住民が被害を受けたということである。工場内だけでもおよそ200名が亡くなっている。延命寺の本堂の前には、昭和52年、武蔵野女子学院裏での道路工事の際に掘り出された250キロ爆弾の大きな破片が置かれている。

「この爆弾が掘り出された時は、まだ火薬の臭いがぷんぷんして、昔の空襲体験を思い出しましたよ。初めての空襲の時、私は小学2年でした。近所の道を集団で歩いていたら向こうで土煙があがるのが見えた。ドカンという初めて聞いた空襲の音でした。檀家のおばあさんが、早くこっちの防空壕へ入れと手招きしてくれました」。

以前、延命寺住職からこうも伺った。昭和20年4月7日の空襲の時は、同工場から延命寺の方に風に乗って燃えている紙や木、煙がどんどん飛んできたという。前述した独歩が会った茶屋の婆さんの子孫にあたる方などの安否が気になるのはこのためである。

ここで作られたエンジンは、群馬県の中島飛行機太田製作所と同小泉製作所に運ばれ、飛行機に組み込まれた。今まで歩いてきた軍用線を貨車に乗せられて運ばれたのだろう。

また、現在の西東京市、ひばりヶ丘パークヒルズ（旧ひばりヶ丘団地）から住友重機械工場にかけての一帯には中島航空金属工場があった。ここでは航空機用の金属やエンジン部品が製作され、同工場と中島飛行機武蔵製作所とを結んで約3キロ、運搬用の線路が敷かれていた。ただし線路建設のための土地の収用が昭和18年末で、完成は翌19年であり、列車が走った期間はごく短かった。

両工場を結んだ線路の方は、現在線路の痕跡を示すものはまったくなく、戦時中のためこの線路を記入した地図は存在しないとされていた。地元の郷土史家による住民への聞き込みで線路コースの特定が進められていたが、米軍による空撮写真からの地図が存在することが分かり、コースが特定された（巻末掲載の参考文献、テキサス大学HP参照）。同地図では、武蔵境駅からの軍用線も単線部分、複線部分など詳細に描かれている。

戦後、中島飛行機株式会社は解体され、富士重工などになっていく。武蔵製作所の敷地は、西側半分が米軍の接収となり、立川基地の米軍将校とその家族の宿舎であるグリーンパークとなった。

東側半分には、昭和26年、東京スタジアムグリーンパーク野球場が完成する。プロ野球国鉄スワローズ戦が主に行われ、国鉄は野球場の前に武蔵野競技場前駅を開業させた。かつての軍用線を使いながら南端部を三鷹駅方面へ乗り入れられるように改良し、野球開催日には東京駅から中央線経由で武蔵野競技場前駅までの直通電車も走らせている。

軍用機のエンジンを運んだ線路は、プロ野球観客を運ぶようにと変わった。だが同球場でのプロ野球戦は観客不入りで行われなくなり、線路も休業状態になって昭和34年に正式に廃止となった。線路跡を歩きながら、激動の歴史を実感できる貴重な場所である。

付章

多摩地域　暮らしの地理学編

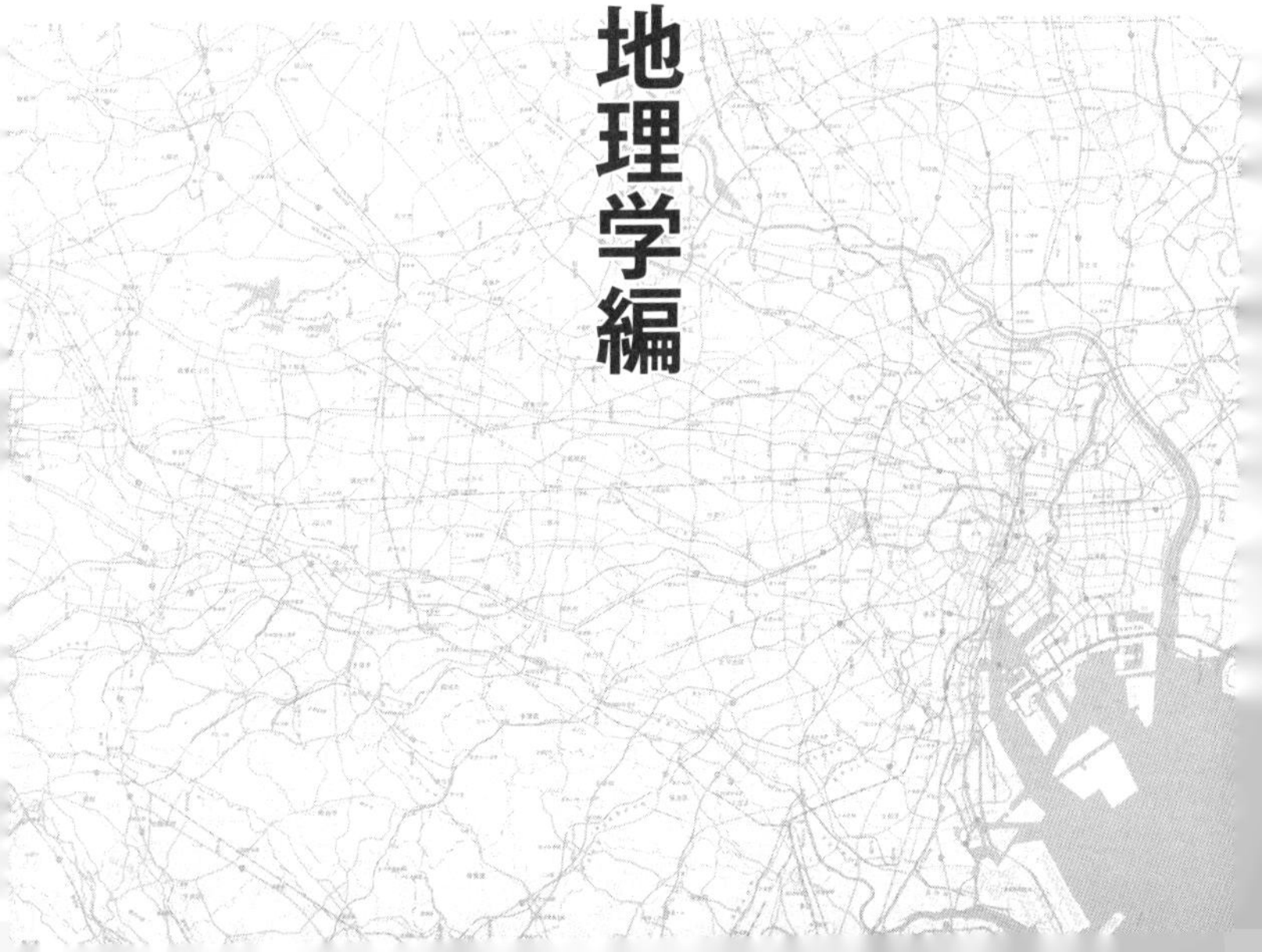

0-1 武蔵野市518万円、足立区336万円 年収が高い人が多摩地域は23区より多い？

モノ、カネ、情報、人材の東京への一極集中が声高に語られている。東京にだけそれらが集まり地方が疲弊しているといわれる。それは確かな点も多いが、東京といっても23区と多摩地区ではかなり様相が異なる。

23区と多摩地域とで実際に格差があるのだろうか。また多摩地域内で場所によって格差はあるのだろうか。あるとすればどんなものか。この章では少し趣向を変えて、多摩地域に住む人たちの実態について見ていこうと思う。

いきなり生々しいテーマから始めることになるが、所得水準を示したのが表6である。総務省統計局による『統計でみる市区町村のすがた』から納税義務者（所得割）一人あたりの課税対象所得額を所得水準としたものである（年収には様々な統計の取り方があり、それぞれで結果が異なる）。

これによれば東京都民平均の年収（所得水準）は438万円で、全国的にみても飛び抜

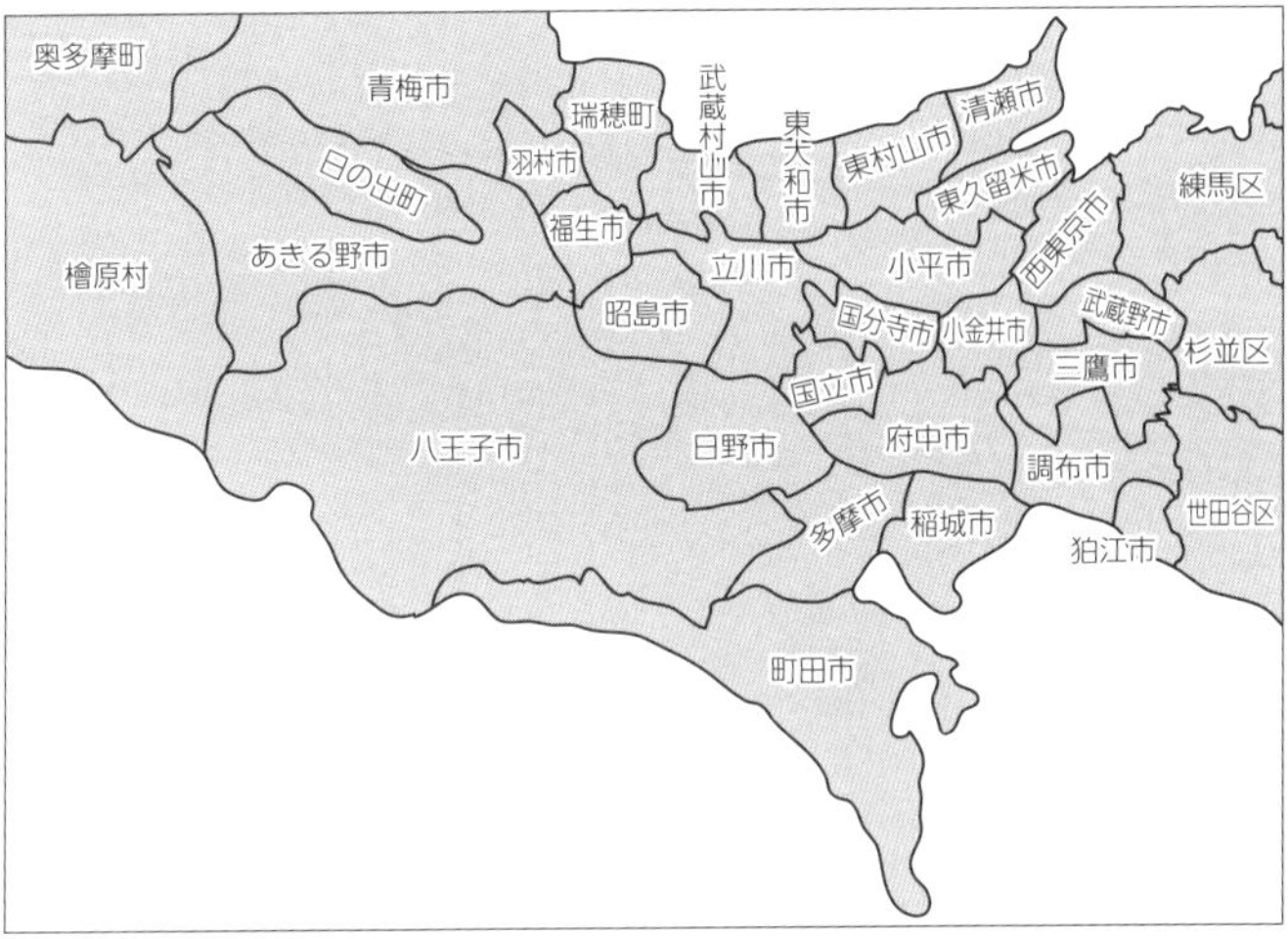

東京都郡・市部

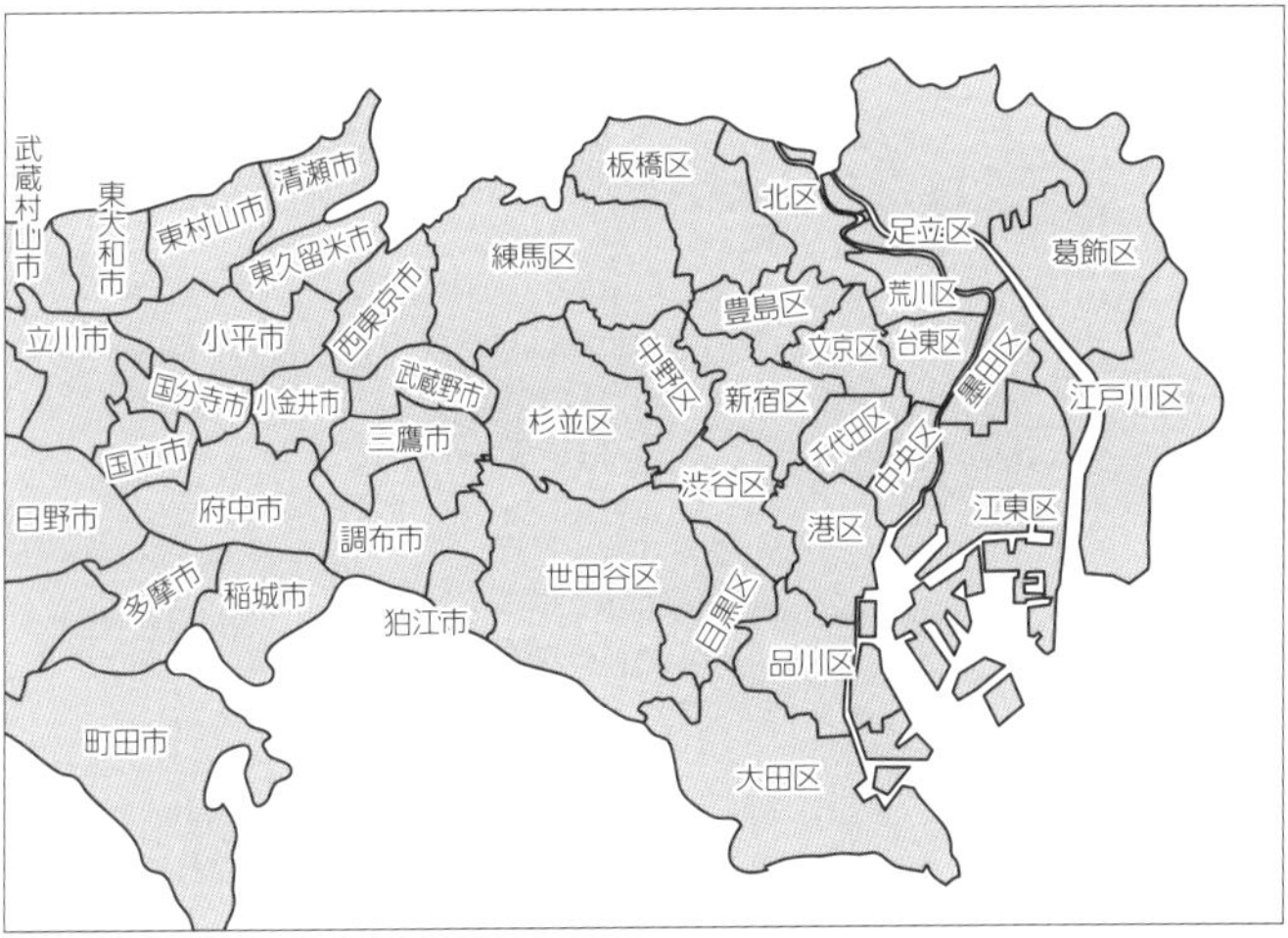

東京都区部

けて高い。2位の神奈川県377万円、3位の愛知県359万円を大きく引き離している。下位10県では270万円前後である。

都内でも港区民の平均所得水準が1112万円と突出している。千代田区も916万円で東京都全体平均の2倍を超えている。経済的面では東京が都道府県での勝ち組、多くの地方が負け組といわれるが、実は港区や千代田区が勝ち組というわけである。

この数字を見ると、「港区や千代田区は周りが自分より金持ちばかりで、住むのはちょっと嫌だな」と思えてくるのは私だけだろうか。マンションの駐車場は高級車ばかり、平日の昼下がり、さりげなく高級ファッションに身を包んだママ友たちがホテルのラウンジでお茶をする、といった光景が思い浮かぶ。

ここで注意しておきたいのは、平均値にはまやかしが起きやすいことだ。よくひきあいに出される「平均貯蓄額の実態との乖離」の例で説明しておきたい。二人以上の世帯における平均貯蓄額は1812万円だった（2017年、総務省統計局家計調査報告）。そんなにみんな貯蓄しているのか、と思う方も多いだろう。だが貯蓄保有世帯での中央値は1074万円である。平均値と中央値とでは700万円以上違ってくる。

中央値は一人一人貯蓄の少ない人から高い人へと順に並んでもらい、真ん中にくる人の値である。たとえば、100人中貯蓄額が100万円、200万円、300万円の人がそれぞれ30人ずついたとする。中に10人金持ちがいて彼らの貯蓄額が各1億円だとする。その場合平均貯蓄額は１１８０万円になる。大金持ち以外の90人が実感する額とはかなり異

表6　住民年収（所得水準）――区市（都内）での順位と金額（単位万円）

23区部

順位		所得額
1位	港区	1111.7
2位	千代田区	915.9
3位	渋谷区	772.8
4位	中央区	617.9
5位	文京区	587.2
6位	目黒区	584.9
7位	世田谷区	545.0
8位	新宿区	520.0
10位	品川区	473.6
11位	杉並区	459.8
16位	豊島区	424.1
17位	江東区	421.1
18位	大田区	419.0
20位	台東区	410.1
21位	中野区	408.8
22位	練馬区	407.8
29位	墨田区	370.2
33位	荒川区	363.5
35位	北区	360.2
36位	江戸川区	357.3
37位	板橋区	356.5
40位	葛飾区	342.7
43位	足立区	335.8

市部

順位		所得額
9位	武蔵野市	518.3
12位	国立市	442.3
13位	三鷹市	436.3
14位	小金井市	428.4
15位	国分寺市	425.7
19位	調布市	410.7
23位	稲城市	401.9
24位	町田市	388.3
25位	府中市	385.0
26位	狛江市	384.6
27位	小平市	383.6
28位	西東京市	382.9
30位	日野市	366.9
31位	多摩市	365.7
32位	立川市	363.7
34位	東大和市	360.8
38位	八王子市	351.3
39位	東久留米市	347.0
41位	東村山市	342.2
42位	清瀬市	335.8
44位	羽村市	332.9
45位	昭島市	331.5
46位	青梅市	317.5
47位	あきる野市	313.2
48位	福生市	308.2
49位	武蔵村山市	304.7
	瑞穂町	311.3
	日の出町	292.0
	奥多摩町	270.8
	檜原村	256.7

東京都全平均　437.8
23区平均　462.7

納税義務者（所得割）一人あたり課税対象所得額で算出
「統計でみる市区町村のすがた 2018」（総務省）より

なる数値だろう。中央値ならこの場合200万円と算出される。

課税所得額の中央値が発表されていないので、上記所得水準の中央値は分からない。だが、港区には超高額所得者が多いとされるので、港区の住人はこの平均所得水準より低い人の方が多いことは確かだと思う。表の見方として、平均値の値（絶対値）が自分より高いとか低いといった点ばかりにこだわるのではなく、他の区と比べるなど相対的に見ていくことに意味がある。

以上を念頭に置きながら多摩地域を見ていくと、武蔵野市が518万円で23区平均の463万円を大きく上回っている。市内には吉祥寺の繁華街があり、その東と北西には閑静な住宅街が広がっている。ケヤキ並木の成蹊《せいけい》大学キャンパスも印象的だ。前述したように戦前には中島飛行機武蔵製作所という大工場があったが、現在市内に大きな工場はほとんどない。

多摩地域ではトップの武蔵野市から5番目の国分寺市まで、JR中央線が通るのも特徴的だ。6番目の調布市、7番目の稲城市、9番目の府中市には京王線が通る。その次に8番目の町田市、10番目の狛江市を通る小田急線沿線が続く。

23区と比較すると多摩地域2位の国立市442万円は、23区平均より低くなる。それだけに着目すると、多摩地域は23区よりも相当劣っているように感じるかもしれないが、そうとは単純にいえない。全49の区市のうちトップ8こそ23区の各区が占めるが、上位半分にあたる11位から25位までで見ると、多摩地域では三鷹市など八つの市が入る。23区では杉並区など七つの区が入るにとどまる。

多摩地域全26の市のうち18の市で葛飾区、足立区より上回っている。多摩地域では、トップの武蔵野市と最下位の武蔵村山市との間で1・7倍の開きなのに対し、23区内では、港区と足立区との間で3・3倍も開いている。東京における所得格差は、23区と多摩地区との間にあるのではなく、23区内、港区や千代田区と、足立区をはじめとした下町の区との間に歴然とあるといえよう。

若年勤労者が多い市は平均年収が高い？

所得水準についてもう少し検討を続けてみよう。会社員の場合、近年年功序列が崩れてきたとはいえ、若手社員とベテラン社員とでは、ほとんどの場合ベテラン社員の方が給料がはるかに高い。したがってベテラン社員が多く住む市は若手社員が多く住む市より平均年収が高くなりそうである。住民年収が高い区市は、いわゆるお金持ちが多いというよりも、単に若年層が少なく年配の会社員が多く住む区市かもしれない。

そこで若手社員にあたる25～34歳とベテラン社員にあたる45～54歳の人口を各区市で比

べてみた。農業従事者や自営商店主は年齢によって年収に差はあまりないかもしれないが、多摩地域全体で農業など第一次産業従事者は、全労働力人口の0・7％と少ないので、それによる影響は少ないとみなせる。自営商店主も、どの市区もさほど存在比率として変わらないという前提に立つこととする。予想では多摩地域年収トップの武蔵野市は、45〜54歳の人口比が他の市よりも大きくなりそうである。

データを取り出して比べると意外な結果となった。表7に示したように武蔵野市は25〜34歳（若手層）人口の方が、45〜54歳（ベテラン層）人口よりも多い。若手層100人に対してベテラン層98人の比率である。それに対して武蔵野市を除く都内25の市すべてでは、若手層よりもベテラン層の方が多い。年収上位の三鷹市では若手層100人に対してベテラン層108人の比率、小金井市では同ベテラン層105人の比率である。それに対し年収下位のあきる野市では同ベテラン層144人、福生市では同ベテラン層125人、武蔵村山市同ベテラン層135人となり、ベテラン層の比率がかなり高くなる。先ほどの予想とは逆の結果である。なお国立市は年収上位ながら例外的にベテラン層138人と高い（理由の推定は後述）。26市部全域ではベテラン層125人の比率である。

区部と比べてみると、年収トップの港区では、同様に若手層100人に対してベテラン層102人となるが、千代田区では同ベテラン層90人、渋谷区で同ベテラン層88人と大幅

表7　若者層とベテラン層人口と比率

	武蔵野市	国立市	三鷹市	小金井市	国分寺市
25~34歳(A)	21,387	8,651	25,768	17,221	16,856
45~54歳(B)	20,932	11,905	27,702	18,049	18,732
A100人あたりのB	**98**	**138**	**108**	**105**	**111**

稲城市	八王子市	あきる野市	福生市	武蔵村山市	市部全
9622	59,530	7,507	6,751	7,165	479,107
13599	79,453	10,776	8,458	9,703	601,272
141	**133**	**144**	**125**	**135**	**125**

港区	千代田区	渋谷区	葛飾区	足立区	区部全
39,350	9,998	39,229	53,946	81,497	1,402,990
39,974	9,038	34,663	65,207	98,022	1,363,440
102	**90**	**88**	**121**	**120**	**97**

年収上位と下位の区市及びベテラン層の比率が高い市
「東京都の統計」統計表第9表男女年齢（5歳階級）別人口。平成27年

に若手層の方が多くなる。23区全体でもベテラン層97人となり若手層の方が多い。また区部でも年収が低い葛飾区、足立区では共にベテラン層約120人とベテラン層の方が多くなるのも特徴的だ。

住人の平均年収額の高低に及ぼす要素は、年齢層、職業構成、世帯構成（共働きか否かも含め）、保育園などの子育てや介護の公的支援の程度、学歴、平均値に影響を与える大富豪の数など様々なものが存在する。その中で明らかな傾向（いくつかの例外はある）として、若手層の比率が高いほうが、平均年収が高いという結果が出ている。少なくとも先に推測した「年配会社員が多い区市が、概して住人の平均年収が高い」とは言えないのが分かる。

なお国立市にベテラン層（45〜54歳）が多いのは、平成10〜15年前後にファミリー世帯向けマンションが複数棟できるなど、この時期に人口が大きく増えたためとされている（市のHPより）。

国立市には昭和40年に8000人規模の入居があった富士見台団地など大規模団地ができていった。国立の町は一度住むと愛着を持つ人が多い。団地で育った子どもが大人になった時、団地からは出たが国立市内のマンションや戸建て住宅に移り住んだ人も多いように思う。そこで子供を育てた。数字的裏付けはないのだが、私の親類の実例や似たような事例をいくつも見聞きする。

こうした年齢層のため、国立市は都内市部の中でも早い時期から本格的人口減少が始まるとされている（平成27年国勢調査では5年前より1855人減）。

年収について述べてきたが、あくまで所得水準の格差であって、そこでの暮らしやすさ、幸福の度合いとは異なることも付け加えておきたい。

地価でも武蔵野市が多摩でトップ

地価が、どういう傾向を示しているかも見ておこう。表8のとおり、千代田区がトップとなり港区が2位で、所得水準とは1位と2位が入れ替わる形となった。多摩地域ではこ

表8　地価公示（住宅地平均価格）単位：万円／平方メートル）

23区部

順位		地価平均価格
1位	千代田区	261.9
2位	港区	178.1
3位	中央区	119.6
4位	渋谷区	114.2
5位	目黒区	87.6
	～	
21位	板橋区	39.2
22位	練馬区	36.9
23位	江戸川区	33.2
27位	葛飾区	30.1
30位	足立区	28.4

都全体　39.9
区部全域　57.2
市部全域　20.9

市部

順位		地価平均価格
13位	武蔵野市	53.3
19位	三鷹市	39.4
24位	国立市	32.8
25位	調布市	32.6
26位	小金井市	31.9
28位	狛江市	29.9
29位	府中市	28.5
31位	国分寺市	28.0
32位	西東京市	27.9
33位	立川市	24.1
34位	小平市	22.5
35位	稲城市	21.3
36位	東久留米市	21.1
37位	日野市	18.8
38位	東村山市	18.5
39位	多摩市	18.4

順位		地価平均価格
40位	清瀬市	18.3
41位	昭島市	18.2
42位	東大和市	16.8
43位	福生市	16.3
44位	町田市	15.6
45位	羽村市	14.0
46位	武蔵村山市	12.2
47位	八王子市	11.6
48位	あきる野市	9.9
49位	青梅市	9.6

―	瑞穂町	9.3
―	日の出町	8.9
―	奥多摩町	―
―	檜原村	―

平成30年1月1日現在

「平成30年地価公示　区市町村別用途別平均価格表」（東京都財務局）より
奥多摩町、檜原村は地点なし

こでも武蔵野市がトップだが、区市内の順位では13位で年収での順位よりやや下がる。価格も23区平均を下回る。

都心に比較的近いという意味で、武蔵野市のほか23区に隣接する三鷹市、調布市、狛江市、西東京市に関してみると、多摩地域内での順位が所得水準でのそれよりも皆上になっている（例：三鷹市は所得水準では多摩地域の中では三番目だが、地価では同二番目）。

地価の場合は、都心に近いということが高い評価となっているのがうかがえる。

0-2 大学卒業者が多く住む市とそうでない市 八王子周辺に大学が多いのはなぜ？

所得格差に関して、教育格差により負のスパイラルが生まれているという議論がある。親の所得が高ければ、子供を塾や有名私立中学に通わせることができ、子どもは難関大学に入学し給料の高い会社に入社したり高い地位についたりすることができる。その逆、親の所得が低ければ子どもにそうしたことをしてやれず、子が大人になった時も所得が低い、そうしたことを代々繰り返すという論である。

その論がどのくらいあてはまるかどうか、社会問題として解決策は何か、そもそも人として所得よりも大切な尺度があるはずだなどに話が及ぶべきだろうが、ここではとりあえず、各市別に住人の大学・大学院卒業者（以下大卒と記す）の割合を算出してみた。

このデータでも多摩地域では武蔵野市がトップとなる。23区を含めても5位で48・4％と約半数が大卒である。ここまで書いてきて東京都武蔵野区と呼びたくなった。

多摩地域2番目から6番目にあたる小金井市、三鷹市、国分寺市、国立市、調布市が40

表9　大学・大学院卒者の割合

23区部

上位5区			大学数
1位	千代田区	53%	14
2位	港区	52%	8
3位	文京区	52%	12
4位	中央区	49%	1
6位	世田谷区	48%	9

下位5区			大学数
36位	墨田区	28%	0
38位	荒川区	27%	0
40位	江戸川区	25%	0
43位	葛飾区	24%	1
46位	足立区	20%	3

市部

			大学数
5位	武蔵野市	48%	3
11位	小金井市	43%	1
12位	三鷹市	42%	4
13位	国分寺市	42%	1
14位	国立市	41%	2
15位	調布市	41%	3
20位	多摩市	37%	3
21位	小平市	37%	4
22位	西東京市	36%	0
23位	狛江市	36%	0
24位	稲城市	36%	1
25位	府中市	35%	2
26位	日野市	35%	2

			大学数
27位	町田市	34%	6
31位	東久留米市	31%	0
34位	八王子市	29%	9
35位	立川市	29%	1
37位	東村山市	28%	0
39位	清瀬市	26%	2
41位	昭島市	25%	0
42位	東大和市	25%	0
44位	福生市	22%	0
45位	羽村市	21%	0
47位	あきる野市	19%	0
48位	青梅市	19%	0
49位	武蔵村山市	16%	0

15歳以上卒業者における割合（平成22年国勢調査より）
学校数は大学本部のある地域に計上（文部科学省「平成29年度学校基本統計（学校基本調査報告書）」より）
最終学歴まで尋ねる国勢調査は10年に一回なのでデータは2010年

%を超える。全国平均がちょうど20%程度なので、これらの市はかなり高い数字といえる。この5市はすべて所得水準でも多摩地域内で2番目から6番目に入っている。所得水準と最終学歴とは、やはり相関が高い結果となっている。個人個人で見れば「学歴が高ければ自動的に高い所得が得られるほど、世の中単純ではない」わけだが、大勢のデータの総集としてみるとこうした傾向が如実に表れる。

また23区でもトップの千代田区と最下位の足立区とでは2・7倍、市部でも同様に武蔵野市と最下位の武蔵村山市とで3倍の開きがある。

また大卒が30%以上が23区では16区、市部では15市あり、区部と市部とでは全体的にさほど開きがない。ここでも格差は、区部と市部との間にあるのではなく、区部内、市部内それぞれに存在する。

各区市の大学の数も表9に記してみた。概して大学は23区内の西側に多く東側に少ない。ただし表にカウントされた校数は、大学の本部所在地の数であり、本部以外のキャンパスはカウントされていない。たとえば法政大学は本部のある市谷キャンパス（千代田区）がカウントされ、多摩キャンパス（町田市）はカウントされていない。

23区では墨田区、荒川区、江戸川区に大学がない（本部以外では荒川区に首都大学東京荒川キャンパスがある。サテライトキャンパスはカウントせず）。この3区の面積を合わせると23区全体の面積の約12％を占める。23区合計で大学が100校近くある中でこれだけ広いエリアに大学がないことは、大学がその土地のイメージ、ブランドを重視して立地していることに気づかされる。

多摩地域では、八王子市が大学数9校と突出して多い。八王子市には本部を置く大学として首都大学東京、中央大学、創価大学、東京工科大学などのほか、本部以外のキャンパスとしても法政大学、帝京大学、明星大学、工学院大学、多摩美術大学など合わせて約20の大学のキャンパスがある。

これらは1960年代後半から80年代前半にかけて都心から郊外へと移転した大学が半

数を占める。当時若者人口の増加と大学志望者の増加が進み、大学の新設、既存大学の学部新設や定員増加が急務となった。都心部の大学集中と地域間格差を是正するために、文部省は都心での新設、増設に高いハードルを設け地方への分散化を図ったことによる。

その結果、多摩地域の場合、大学の立地をおおまかにいうと、次の二つのパターンが多い。一つは都心に比較的近い所に戦前または戦後直後からあった大学、現在の大学名の例では、成蹊大学（武蔵野市）、東京農工大学（府中市、小金井市）、東京経済大学（国分寺市）、一橋大学（国立市）、津田塾大学（小平市）、国立音楽大学（国立市から戦後立川市へ移転）など。もう一つのパターンは前述の70年代前後に八王子市やその隣接市の丘陵地帯を大規模に切り開く形で開校した大学である。

時代は移り近年、大学の都心回帰現象が起きている。実践女子大学が文学部などを大坂上キャンパス（日野市）から渋谷キャンパスへ、拓殖大学が商学部などを八王子キャンパスから文京キャンパス（文京区）へ、青山学院大学が文系学部を相模原キャンパス（神奈川県相模原市）から青山キャンパス（渋谷区）へなど、以前あった地などへと戻っている。

理由は、少子化が進み大学間で学生の獲得競争が激化したためである。都心の方が通いやすく、近辺に遊ぶ所も多いのでそうした大学の志望者が多くなる。近年では近くにアルバイト先が多いことを重要視する学生も多い。この現象はさらに続きそうである。

0-3 金持ちなのに⁉クルマを持たない武蔵野市民 図書館の本購入費は市によりこんなに違う

統計には暮らしぶりや暮らしやすさが見えてくるものがある。この項では各市により差が顕著に見られる例のいくつかをとりあげてみたい。

乗用車保有台数

地方に行くとほとんどどこでも、自家用車は一家に1台ではなく大人1人に1台、一家では2～3台というのが当たり前となっている。電車やバスなど公共交通機関が不十分なのでそうならざるをえないためである。

表10では、人口何人あたりでクルマ1台か（人口を保有乗用車数で割り算して算出）を示している。この表では、数字が小さいほど、世帯あたりのクルマの保有台数が多くなる。4人家族でクルマが2台なら2・0人あたりで1台ということになる。結果は予想どおり、都内の西に行けば行くほど少人数ごとにクルマが保有されている。

ここでも武蔵野市が5・4人あたりで1台となり、表の一番上に来ているが、それはク

表10　乗用車、医療、図書館

①乗用車保有、何人あたり1台か

②一般診療所（常住人口何人に一診療所か）

③図書館資料費（人口一人あたり）、貸出点数（人口一人あたり）

	①乗用車	（人）
1位	武蔵野市	5.4
2位	狛江市	4.8
3位	小金井市	4.6
4位	調布市	4.5
5位	三鷹市	4.5
6位	西東京市	4.3
7位	国分寺市	4.2
8位	国立市	4.0
9位	府中市	3.9
10位	小平市	3.8
11位	清瀬市	3.6
12位	東久留米市	3.5
13位	稲城市	3.5
14位	多摩市	3.5
15位	東村山市	3.5
16位	日野市	3.4
17位	立川市	3.2
18位	昭島市	3.1
19位	町田市	3.0
20位	八王子市	2.9
21位	東大和市	2.9
22位	羽村市	2.4
23位	武蔵村山市	2.4
24位	青梅市	2.3
25位	あきる野市	2.2
26位	福生市	2.0
町村部		
	瑞穂町	1.9
	日の出町	2.1
	檜原村	1.7
	奥多摩町	2.0
	都平均	4.5

	②診療所	（人）
1位	武蔵野市	707
2位	国立市	912
3位	国分寺市	1049
4位	立川市	1171
5位	調布市	1270
6位	多摩市	1328
7位	福生市	1358
8位	町田市	1365
9位	三鷹市	1381
10位	小金井市	1398
11位	府中市	1461
12位	青梅市	1470
13位	西東京市	1478
14位	八王子市	1506
15位	小平市	1506
16位	日野市	1526
17位	羽村市	1552
18位	狛江市	1573
19位	東村山市	1590
20位	清瀬市	1663
21位	昭島市	1742
22位	東大和市	1749
23位	あきる野市	1841
24位	稲城市	1913
25位	東久留米市	2014
26位	武蔵村山市	2900
	瑞穂町	2579
	日の出町	1305
	檜原村	748
	奥多摩町	654
	都平均	1054

	③図書館	（円）	（冊）
1位	武蔵野市	634	18.3
2位	あきる野市	450	8.5
3位	稲城市	446	13.5
4位	福生市	436	10.6
5位	東大和市	412	8.4
6位	府中市	410	8.6
7位	立川市	406	8.9
8位	調布市	402	11.1
9位	三鷹市	386	8.6
10位	多摩市	381	11.4
11位	小金井市	371	8.0
12位	西東京市	355	11.0
13位	日野市	352	8.8
14位	羽村市	348	5.9
15位	国立市	347	6.1
16位	青梅市	326	7.5
17位	東久留米市	315	7.3
18位	清瀬市	314	7.5
19位	武蔵村山市	308	4.5
20位	昭島市	296	5.2
21位	小平市	289	8.1
22位	狛江市	264	6.4
23位	東村山市	254	7.2
24位	国分寺市	226	7.6
25位	八王子市	126	4.7
26位	町田市	101	9.5
	瑞穂町	462	3.4
	日の出町	217	3.3
	檜原村	1266	5.3
	奥多摩町	634	5.0
	都平均	308	8.2

住民基本台帳による東京都の世帯と人口（町丁別・年齢別）、平成30年1月1日現在「警視庁交通年鑑」平成29年、「東京都統計年鑑　平成28年」、「多摩地域データブック　平成29年」より

ルマ保有の少なさでのトップである。一世帯あたりの構成員数（人口を世帯数で割り算）は、武蔵野市の場合1・91人なので、ほぼ3世帯（2・8世帯）のうち1世帯がクルマを持っている勘定となる。クルマを所有しない世帯の方が持っている世帯の2倍近くもあるわけだ。それだけ公共交通が便利なことの裏付けだろう。また同市内の吉祥寺の繁華街周辺など、休日には五日市街道、青梅街道、そこへとつながる道とともに大渋滞する。契約駐車場代も高い。クルマを持つ気になれないのはそのためもあるだろう。

町村部では檜原《ひのはら》村の1・7人に1台などクルマが日常必須の足となっているのを示している。統計上一世帯に1台以上のクルマがある市町村は、武蔵村山市、青梅市、あきるの市、福生市、瑞穂《みずほ》町、日の出町、奥多摩町、檜原村の8市町村だった。

なお武蔵村山市は都内の市の中で唯一鉄道駅がない。町村では日の出町、檜原村にも鉄道駅がない。

診療所（医院）数

医師のいる診療所がどのくらいあるかについて、人口何人あたりに1診療所があるかで算出してみた（表10）。病院（一般、精神科、救急、療養型）は市域よりも広範囲を考慮して立地されているので除外している。歯科診療所も含めていない。

ここでもトップは武蔵野市となった。同市に隣接する三鷹市や西東京市が、この統計では武蔵野市の半分近くしか診療所がないことになるのも特徴的だ。トップと市部最下位では4倍以上の開きがある。23区平均が948人なので、それを上回るのは武蔵野市と国立市しかない。こと診療所については、市部内での格差、区部と市部との格差、両方ともに存在する。

昼間人口を考慮するとどうなるだろうか。多摩地域は都心方面へ通勤、通学する人が多いので、多くの市で昼間人口が夜間人口（統計上の通常の人口。常住人口ともいう）よりも少なくなる。多摩地域で昼間人口の方が多くなる市町村は立川市、武蔵野市、多摩市、瑞穂町だけである。上記の市町では事業所などが多く、外から流入する人数が多いので、昼間人口が夜間人口を超える。会社の近くの診療所へかかる人もいると思うので昼間人口で何人に一つの診療所があるかも算出してみた。

武蔵野市の場合767人あたり1診療所となった。昼間人口が少ない西東京市の例では1157人となる。差は縮まるが全体に格差は歴然と存在する。

表11　昼間人口が多い市町と少ない市町

（常住人口＝100 とした時の昼間人口）

立川市	114.2	狛江市	73.8
瑞穂町	109.9	稲城市	78.5
武蔵野市	108.7	西東京市	78.6
多摩市	101.0	東久留米市	79.5
八王子市	99.8	東村山市	80.0

「東京都の統計」（平成27年国勢調査より）

図書館の資料費、貸出点数

私は国分寺市に住んでいるのだが、地元の市立図書館に行くたびに感じていたことがある。建物が古いのはまあいいとして、新刊が少なく十数年以上前の古い本ばかりが目立つ。蔵書数も少ない。隣の市の府中市中央図書館にもよく行くのでついそこと比べてしまうと、行くたびに蔵書の質、量ともそちらの方がはるかに上なのを痛感する。

府中市は、競馬場、競艇場という公営ギャンブル場があり大企業の工場も立地しているから豊かだとよくいわれる。その真偽は次項で述べるとして、特別に財政豊かな府中市と比べても仕方がないと思っていたが、他の市も含めて比べてみたら、自分の住む市の状況が客観的に分かってきた。

各市の図書館資料費（本の購入代など）を人口1人あたりいくらになるかを算出した（表10）。結果を見て市によってこんなに差があるのかと驚いた。国分寺市は、図書館での本の購入予算（資料費）が、市民1人あたり換算で府中市の約半分なのは、日頃感じていたとおりなので溜息をつくばかりである。しかも府中市は決して飛び抜けて図書館資料費が高いわけではなく、さらに上がいて武蔵野市など国分寺市の3倍近い額である。

個人的には、公共図書館が住民のリクエストに単純に応える形で、同じベストセラー新刊本を多くの冊数購入することには反対の立場を取る。生活弱者の方は別としてそういう本は図書館で借りるのではなく書店で買って欲しい。出版不況が続く中、その売り上げが書店や出版社、著者を支えるためである。図書館は少し年月が経って書店ではなかなか置いていない本、資料価値の高い本を揃えることに役割があると思っている。実際に手にとって読みたい本を選んでいくことも価値があるはずだ。

一方で子供向けの本は図書館で新刊も含め豊富に揃えるべきだ。資料費の少ない市の図書館では、子ども向けの電車の本の例では、数年前に引退した「寝台特急北斗星」が鉄路のスター、といった古い本ばかりが多数並んでいたりする（国分寺市の例）。たまにテレビに出てくる新型の新幹線車両など憧れの電車が載った本がない。古くぼろぼろの本ばかりでは、おはなしの本も含めて、図書館に行って本を開いてわくわくする気持ちが起きにくい。本好きな子が育ちにくい環境だと感じる。

貸出点数（表10）を見ると、年間で市民1人あたり7〜8冊程度借りているという市が多い。その中で資料費の多い武蔵野市はさすがに1人あたりの貸し出し点数も18冊とダントツに多い。本の購入に予算をかければ、それだけ住人がよく利用しているという結果である。

市立図書館は、市民及び提携した隣接市の住人が本を借りられるという所が多い。そのなかで小金井市の図書館のように、居住地に限らずだれもが本を借りられる所もある。資料費が下位で貸し出し点数7冊程度の市は、予算の割に市民がよく図書館を利用しているほうだといえる。

0-4 府中競馬場と東芝やサントリーの工場 これからの税金で府中市は豊かだの誤解

前項の市立図書館に限らず府中市は、府中の森芸術劇場、郷土の森博物館と郷土の森公園、市立美術館、市民球場、市民プールなど公共の文化、芸術、スポーツ施設が他の市に比べてはるかに充実している。その理由として都市伝説のように「府中には競馬場と競艇場があるからだ」または「東芝、サントリー、ＮＥＣなど大企業の工場があるおかげだ」と語られてきた。これが真実なのかどうか解明しておこう。

府中市にある公営ギャンブル場の東京競馬場（通称府中競馬場）からも多摩川競艇場からも府中市に収益は入ってこない。日本中央競馬会ＪＲＡは政府が全額出資の特殊法人で、所得等にかかる法人市民税支払いの義務はない。ボートレース多摩川も青梅市などがレースを主催していて府中市へは直接の収益がない。競馬場などから固定資産税や寄付金（平成29年の例で中央競馬会から5億３２７５万円、多摩川競走場周辺整備金として７７５０万円）は入ってくる（『市民が分析した府中市の財政』）。だが府中市の一般会計歳入は約

多摩川競艇場。競馬場より地味な存在だが、かなりの広さ（水面長約500m）

1100億円なので、それらの歳入に占める割合は多くない。

複雑なことに、大田区にある平和島競艇場でのレースを府中市が主催している。都内にある3競艇場（平和島、江戸川、多摩川）の中で最も多額の売り上げを達成しているのがこの平和島競艇だ。同競艇場開設の昭和29年からの64年間で府中市の一般会計などにここから繰り込まれた収益は総額2799億円にのぼる。繰入金は府中市内の下水道建設や公共用地取得などの都市基盤、府中の森芸術劇場などの大規模施設の建設に充てられた。「市財政が豊かといわれるのは、競艇事業にあったことは間違いない」（『同』）という。

公営競艇事業は舟券売上金から75%が的

中者へ払い戻され、人件費ほか諸費用を差し引いた残りが収益として市の一般会計などへ繰り出される。バブル期終盤の平成3年、平和島競艇は売り上げ1800億円、収益168億円を記録した。だがその後バブル崩壊と共に売り上げは急激に低下し、平成13年は収益がほぼゼロになってしまった。その後同18年に収益18億円までもち直したが、同22年には再び収益ほぼゼロ、同27年収益3億円、同28年収益8億円（売り上げ466億円）という経緯をたどっている。近年では収益があった年でも市の歳入全体の1％にも満たない。

法人市民税の方はどうだろうか。個人市民税も同様だがこれらの税は経済情勢に大きな影響を受ける。府中市の法人市民税は約27億8000万円（平成30年度予算）で歳入全体の3％程度である。この額は他の都内26市のなかでも例年5番目くらいであり、立川市ではこの数年約50億円前後で推移している。「大企業が多いから府中市は豊か」とはいいきれない数字である。

幸いなことに府中市には過去の多摩川競艇の収益などによる基金が総計600億円以上ある。一方で過去に造ったハコモノの維持費がかかる。基金によるゆとりはあってもかつてのような収入源はなく、一般のイメージほど豊かな財政ではないというのが、今日の府中市の実情だろう。

0-5 団地からニュータウンの時代へ 多摩の人口、過去から未来

日本は2008年をピークに人口減少に転じた。2010年に1億2806万人だった日本の総人口は、このまま何らかの手を打たなければ2040年に1億1092万人を経て2053年には1億人を割ると推計されている（国立社会保障・人口問題研究所、平成30年出生中位推計）。その過程で東京一極集中が起きるともいわれる。多摩地域はどうなっていくのだろうか。

表12にはまず現在の各市町村の人口と老年（65歳以上）人口比率、合計特殊出生率を示した。檜原村と奥多摩町は、すでに人口の約半分が65歳以上と高齢化がはなはだしい。都内26市に関しては21％の小金井市から29％のあきる野市まですべて20％台となっている。概して西側の市ほど老年人口比率が高い。

合計特殊出生率は一人の女性が15歳から49歳までに産んだ子供の数の平均が表される。人口を維持するのには2・07以上が必要とされる。武蔵野市が最も低く1・19だが、

それ以外の多摩地域市町村はすべて23区平均の1・22を上回っている。23区では豊島区が最も低く1・02、次が杉並区の1・03で、逆に港区は1・45と23区内では最も高い。多摩地域で所得水準トップの武蔵野市が同出生率では最も低く、23区で所得水準トップの港区は逆に同出生率でもトップという暗示的な結果となった。出生率に関しては多方面からの検討が必要なことを示唆していて、この謎の解明は別の機会に譲りたい。

次に過去の人口増加の経緯を追ってみた。2015年の各市町村の人口を100として1950年と1975年の人口を指数化した。それぞれの市町村がいつの時代に人口増加を迎えていたのかが分かるので、関心のある市の指数を追ってみていただければと思う。

たとえば1950年の指数が最も低い5の多摩市は同年の人口（表には示していないが7799人）が、2015年までの間に指数100へと約20倍に増えていることを示している。

一方、1950年の指数が51と最も高い武蔵野市は、その後2015年までの間に人口は約2倍に増えたにとどまる。もっと以前に人口増加の時期があったためで、実際に調べてみると1920（大正9）年から1940年（昭和15）年のわずか20年の間に4931人から4万1767人へと8・5倍も増えていた。似たような例に立川市があり、同じく1920年からの20年間で9987人から4万1070人へと約4倍に増えている。

表12　過去と現在と将来の人口

	現在			過去と将来の人口			
	2018年人口（人）	65歳以上人口比率	合計特殊出生率（%）	1950年人口指数	1975年人口指数	2015年人口指数	2040年推定人口指数
日野市	184,667	24.5%	1.49	13	68	100	102
稲城市	89,915	21.0%	1.55	11	50	100	101
武蔵野市	144,902	22.1%	1.19	51	96	100	100
国分寺市	121,673	22.0%	1.33	16	72	100	98
狛江市	81,788	24.1%	1.33	13	87	100	98
小金井市	120,268	21.0%	1.23	19	85	100	98
小平市	191,308	23.0%	1.42	11	82	100	98
調布市	232,473	21.4%	1.31	15	77	100	97
府中市	258,654	21.6%	1.43	17	70	100	96
西東京市	201,058	23.8%	1.28	14	79	100	96
立川市	182,658	24.0%	1.31	36	78	100	95
国立市	75,723	22.7%	1.24	19	88	100	94
三鷹市	186,375	21.6%	1.24	29	88	100	93
町田市	428,742	26.3%	1.24	12	59	100	93
東大和市	85,718	26.4%	1.48	15	69	100	93
清瀬市	74,845	27.9%	1.34	16	81	100	92
東久留米市	116,830	27.9%	1.41	7	86	100	91
八王子市	563,178	26.1%	1.22	23	56	100	89
多摩市	148,724	27.7%	1.16	5	45	100	89
武蔵村山市	72,489	25.6%	1.38	15	71	100	88
あきる野市	80,985	29.0%	1.32	35	70	100	86
青梅市	135,248	28.9%	1.25	39	63	100	86
昭島市	113,244	25.5%	1.36	28	75	100	85
東村山市	151,018	26.3%	1.20	12	75	100	84
羽村市	55,870	25.2%	1.48	15	59	100	80
福生市	58,384	25.3%	1.34	25	80	100	74
瑞穂町	33,532	27.3%	1.30	28	62	100	91
日の出町	16,959	35.0%	1.82	48	66	100	99
檜原村	2,244	50.2%	1.70	289	212	100	46
奥多摩町	5,233	49.2%	1.13	311	202	100	42
区部	9,396,595	21.6%	1.22	58	93	100	103
市部	4,156,737	24.6%	1.31	20	71	100	93

・人口と65歳以上人口比率は東京都総務局統計部「住民基本台帳による東京都の世帯と人口」平成30年1月
・1950～2015年の人口は国勢調査
・合計特殊出生率は平成28年「東京都統計年鑑」
・2040年の人口予測は東京都総務局統計部人口統計課による予測（平成29年）

武蔵野市と立川市以外は、青梅市とあきる野市を除けば、すべての市町で1950年の指数が20台以下となっている。この時点では人口がまだ少なく、人口が爆発的に増加して開発が進んだのが戦後の1950年以降だということが分かる。

1975年の指数にも注目してみよう。多摩市と稲城市が45と50で最も低い。一方1950年には指数7と低かった東久留米市は1975年には86にまで増えている。整理すると、50年指数→75年指数→15年指数が、

・多摩市5→45→100　稲城市11→50→100　東久留米市7→86→100

となる。これは75年までの間に東久留米市は宅地開発の大半を終えたが、多摩市と稲城市はその後もさらに人口が倍増するほど開発が進んだことを示している。東久留米市は1960年代に3000戸以上入居の滝山団地や、西東京市に跨がって広がるひばりヶ丘団地など団地開発が多かった。これらは概して平地に造られている。建物はエレベータなし5階建てが標準である。

一方多摩市や稲城市は、丘を切り崩して大規模に造成するニュータウンの開発が行われた。次世代型の団地ともいえる。日本最大規模のニュータウンとされる多摩ニュータウンの入居開始は1971年で、京王相模原線が稲城市と多摩市とをほぼ横断する形で京王多摩センターへと延びてきたのが71～74年にかけてである。両市のニュータウン開発は75年

表13　23区と多摩地域、人口のピーク時期

2015年人口が5年前より減少	2020年までに人口がピークを迎える所	2025年までに人口がピークを迎える所	2030年までに人口がピークを迎える所	2035年までに人口がピークを迎える所	2040年までに人口がピークを迎える所
足立区	葛飾区、江戸川区	新宿区、墨田区、目黒区、大田区、世田谷区、中野区、杉並区、豊島区、北区、荒川区、練馬区	文京区、台東区、品川区、渋谷区、板橋区	江東区	千代田区、中央区、港区
檜原村、奥多摩町、国立市、東村山市、福生市、羽村市、立川市、青梅市、多摩市、昭島市、八王子市、瑞穂町	三鷹市、府中市、町田市、東大和市、清瀬市、東久留米市、武蔵村山市、あきる野市、西東京市	武蔵野市、調布市、小金井市、小平市、日野市、国分寺市、狛江市、稲城市、日の出町			

東京都総務局統計部人口統計課「東京都区市町村別人口の予測　平成29年」より

以降も行われた。75年の指数の相異は、大規模開発が団地中心の市と、ニュータウンが中心の市の相異を表している面がある。

　将来に目を転じると、多摩地域の一部の市ではすでに人口減少が始まっている。表13で「2015年人口が5年前より減少」している中で、檜原村がマイナス13・7％、奥多摩町がマイナス13・4％と突出して多く、市部では国立市のマイナス2・5％が最も大きな減少率である。2025年までの間に、多摩地域すべての市で人口の減少が始まる。表12の2040年の推定人口指数で日野市と稲城市が100を超えているのは、2025年までの人口増加が比較的多く、それ以後2040年までの減少が比較的少ないためである。

東京都全体では2025年にピークを迎えた後は減少となる。東京都は地方から人が集まるというが、25年までは社会増（他府県からの移住）の増加幅が自然減の減少幅よりも大きいため人口増加が続くが、その後は自然減が社会増を上回るため減少する。人口減少では、多摩地域と23区とで、その時期にかなり違いがある。以上の予測は、東京都総務局統計部の予測によった。

参考文献

池　享ほか編『みるよむかく　東京の歴史1　通史編1』２０１７年
皆川典久・真貝康之『凹凸を楽しむ東京「スリバチ」地形散歩　多摩武蔵野編』洋泉社　２０１８年
府中市郷土の森博物館編『武蔵府中と鎌倉街道』府中市郷土の森博物館　２００９年
府中市郷土の森博物館編『よみがえる古代武蔵国府』府中市郷土の森博物館　２０１６年
府中市郷土の森博物館編『徳川御殿＠府中』府中市郷土の森博物館　２０１８年
植田孟縉著、片山迪夫校訂『武蔵名勝図会』慶友社　１９９３年
中田正光『戦国の城は民衆の危機を救った』揺籃社　２０１３年
伊禮正雄「北条氏照とは誰か」『北条氏照と八王子城』八王子市教育委員会　１９９０年
八王子市郷土資料館編『特別展　甲州道中を旅する』八王子市教育委員会　１９９２年
相武国道二十五周年記念誌編集委員会編『多摩歴史街道』建設省関東地方建設局相武国道工事事務所　１９９２年
福田角治、岡本邦勇『関東砂利業界変遷記』福田角治ほか　１９５４年
新多摩川誌編集委員会編著『新多摩川誌』河川環境管理財団　２００１年
東京急行電鉄『東京急行電鉄50年史』東京急行電鉄株式会社社史編纂委員会１９７３年
http://www.lib.utexas.edu/maps/japan.html Tokyo City Plans 1:12500 U.S.Army Maps Service 1945-1946 The University of Texas at Austin Perry-Castañeda Library Map Collection
東京都総務局統計部調整課編『第68回東京都統計年鑑』東京都　２０１８年
府中まちづくり研究所＋市民財政白書を作る会編・発行『市民が分析した府中市の財政』２０１４年
内田宗治『地形で解ける！東京の街の秘密50』実業之日本社　２０１６年
内田宗治『地形を感じる！駅名の秘密　東京周辺』実業之日本社　２０１８年

著者

内田宗治　（うちだ　むねはる）

地形散歩ライター、フリーライター。1957年東京生まれ。実業之日本社で旅行ガイドブックシリーズ編集長などを経てフリーに。旅と散歩、鉄道、自然災害、産業遺産に関するテーマで主に執筆。廃線跡歩きと廃川（はいせん）跡歩き、「歩き鉄」（歴史ある路線沿いを歩き尽くす）を実践中。

主な著書に、本書で前著とした『地形で解ける！東京の街の秘密50』のほか、『地形を感じる駅名の秘密　東京周辺』、『明治大正凸凹地図東京散歩』（以上実業之日本社）、『外国人が見た日本　「誤解」と「再発見」の観光150年史』『東京鉄道遺産100選』（中公新書）、『関東大震災と鉄道』（新潮社）など。

※本書は書き下ろしオリジナルです。

ただし、第３章「古代道路ミステリー」は月刊『東京人』2013 年８月号、第４章「中央線通勤電車から見える山」は『東洋経済オンラインニュース』2017 年３月 19 日配信、第４章「私鉄遊園地の興亡」は『日本鉄道旅行歴史地図帳』５号首都圏私鉄への執筆内容に大幅な加筆を行いました。

JIPPI Compact

じっぴコンパクト新書　360

地形《ちけい》と地理《ちり》で解《と》ける！
東京《とうきょう》の秘密《ひみつ》33 多摩《たま》・武蔵野編《むさしのへん》

2018年11月11日　初版第１刷発行

著　者……………内田宗治
発行者……………岩野裕一
発行所……………株式会社実業之日本社
〒107-0062　東京都港区南青山5-4-30
CoSTUME NATIONAL Aoyama Complex 2F
電話（編集）03-6809-0452
（販売）03-6809-0495
http://www.j-n.co.jp/
印刷・製本…………大日本印刷株式会社

ISBN978-4-408-33830-9（第一趣味）